当你成功，
你才知道什么是奋斗

当你成功，
你才知道什么是奋斗

没有人会陪你走一辈子，
所以你要适应孤独；
没有人会帮你一辈子，
所以你要奋斗一生。
带着"奋斗"上路，
触摸未来的精彩！

当你成功，
你才知道什么是奋斗

李晓晶 编著

企业管理出版社
ENTERPRISE MANAGEMENT PUBLISHING HOUSE

图书在版编目（CIP）数据

当你成功，你才知道什么是奋斗 / 李晓晶编著 . -- 北京：企业管理出版社，2016.7
ISBN 978-7-5164-1230-5

Ⅰ . ①当… Ⅱ . ①李… Ⅲ . ①成功心理 – 通俗读物 Ⅳ . ① B848.4-49

中国版本图书馆 CIP 数据核字 (2016) 第 035584 号

书　　名：	当你成功，你才知道什么是奋斗
作　　者：	李晓晶
责任编辑：	徐金凤　田天
书　　号：	ISBN 978-7-5164-1230-5
出版发行：	企业管理出版社
地　　址：	北京市海淀区紫竹院南路 17 号　　邮编：100048
网　　址：	http://www.emph.cn
电　　话：	总编室（010）68701719　发行部（010）68701816　编辑部（010）68701638
电子邮箱：	80147@sina.com
印　　刷：	北京鹏润伟业印刷有限公司
经　　销：	新华书店
规　　格：	170 毫米 ×240 毫米　　16 开本　　16 印张　　200 千字
版　　次：	2016 年 7 月第 1 版　　2016 年 7 月第 1 次印刷
定　　价：	38.00 元

版权所有　翻印必究　·　印装有误　负责调换

PREFACE 前言

雪莱曾说："如果你过分珍爱自己的羽毛，不使它受一点损伤，那么你将失去两只翅膀，永远不能再凌空飞翔。"正如大自然中那股无形的推动力量一样，人自身也有一种强大的推动力——永不停歇的奋斗精神。清晨的曙光，是需要靠我们自己努力拼搏，奋斗不息，才能见得到的。

一个人所面临的最大危险不是邪恶，而是自我满足、胆怯的内心、异想天开的想象以及甘心落后的思想。如果我们没有密切关注自己的思想，它就会从自己的位置漂移开，进而带来危险。船只从来不会自己漂回港口，要想让船只回到港口，必须要经过人为的努力。天赋的缺乏不会毁掉一个艺术家，懒惰却可以将一个艺术家毁掉，因为懒惰会扼杀他的灵感。每个人，不管他是艺术家还是工匠，都需要通过奋斗才能实现自己的人生价值。

在奋斗的过程中，我们要注意到影响自身成功的不良因素，我们要充分发挥自己的潜能，只有这样，才能将失败演变为成功。在这个过程中，勇气、力量、灵感取代了原先的失败、绝望、匮乏的声音，慢慢在心里扎根，凝聚成一种无形的力量，推着我们向前进。

每个人的成长过程都是一个不断自我提升和自我奋斗的过程。在成长

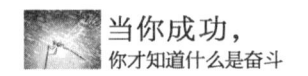

的旅途中，我们总会遇到这样或那样的挫折，无论怎样，我们都不能对自己失去信心，要坚信"挫折是成功的垫脚石"。在人生的长河中，我们认为自己是怎样的一个人，就会成为那样的人！这世上每个人都可以成为"九牛之人"，关键就在于我们是否这样定位自己，这样看待自己！既然我们可以把握自己的命运，为什么不这样去做呢？

  青春年少，正是挥洒汗水的好时刻。让我们带着自己的梦想，努力奋斗吧！当我们成功之后，就会明白奋斗的意义！本书将以此为主题，通过六方面的阐述，让大家明白什么叫作奋斗！

CONTENTS 目录

第 / 一 / 章
成功需要奋斗，请给自己一点奋斗的勇气　/ 1

年轻，就应该有一颗奋斗的心　/ 2
用奋斗实现自身的价值　/ 5
勇敢地走自己的路　/ 9
人生需要奋斗的勇气　/ 12
勇于行动，勇于尝试　/ 15
告诉自己：我很重要　/ 19
一定不要输给自己　/ 23
相信自己，一定能行　/ 27
让勇气带你闯出无限成就　/ 31
勇敢地向自己挑战　/ 35
激发自己内在的潜能　/ 39

第 / 二 / 章
不要害怕挫折，披荆斩棘方能拥抱成功　/ 43

挫折，是命运的起点　/ 44
勇于接受困难的挑战　/ 48

跌倒了没关系，记得再爬起来 / 52
坚持过去，人生总是晴天 / 56
踩着"垫脚石"，踏上成功路 / 59
顶住压力，做生活中的强者 / 61
只要不放弃，就会有希望 / 65
没有退路，反而绝处逢生 / 68
吃得苦中苦，方为人上人 / 72
想成功，就必须战胜逆境 / 76

第/三/章

不为失败找理由，成功者永远杜绝借口 / 81

做一个永不妥协的成功者 / 82
学会用进取心代替借口 / 86
不找借口，学会为错误负责 / 90
别让"借口"成为你的绊脚石 / 94
"没关系"可以根治借口 / 98
别找借口，坚持就是胜利 / 101
不要用借口掩饰自己的不足 / 105
警惕自满成为倒退的借口 / 108
阻止借口成为拖延的温床 / 112
别找借口，不做等死的鸵鸟 / 115
抛掉"差不多"的借口 / 118

第/四/章

水滴石穿，不懈攀登才能铸就辉煌人生 / 123

脚踏实地，步步为"赢" / 124

目录

别妄想"一步登天" / 128
用汗水浇灌成功之花 / 133
投机取巧将一事无成 / 136
做好计划，一步一步实现它 / 141
勤奋努力，不懈攀登 / 145
不惜力者有人敬 / 148
持之以恒，才能抵达成功彼岸 / 153
执著者，世界都为你让路 / 157
做人，就该踏踏实实去奋斗 / 161

第/五/章
压力是潜能之母，有压力才有成功的动力 / 165

对手的压力，激发你的斗志 / 166
感谢压力带给我们的正能量 / 169
压力是潜能之母 / 173
适当的压力是命运的天使 / 176
把压力变成你前进的动力 / 179
扛住压力，保持积极的心态 / 183
人生，负重前行是必然 / 186
学会科学地去面对压力 / 189
压力能够让人更好地成长 / 193
感谢压力，激发斗志 / 196

第/六/章
有一种成功叫厚积薄发，做好小事才能成就大事 / 199

做好小事，成就非凡 / 200

平凡之事铸就非凡之功 / 203
不断提升自己，才能取得成功 / 206
把事情做到最好 / 210
把握细节，成功将属于你 / 214
让自己每天多做一点儿 / 217
唯有"厚积"才可"薄发" / 220
做事别虎头蛇尾，半途而废 / 224
告诉自己：一次只做一件事 / 228
踏实地做好小事，才能成功 / 232
把闲暇时间利用起来 / 235
把握生活中的细节 / 239
注重小事，关注细节 / 243

第一章

成功需要奋斗,请给自己一点奋斗的勇气

如果说成功是一堆干柴,那么勇气就是一把火,燃烧出奋斗的痕迹。勇气是成功不可缺少的催化剂,而反应的过程就是奋斗的痕迹。是勇气给了我们追逐成功的动力,让我们不断向前奔驰。趁着青春年少,让我们给自己一点勇气,为了梦想,为了成功,奋斗起来吧!

当你成功，
你才知道什么是奋斗

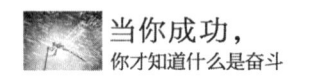

年轻，就应该有一颗奋斗的心

在人生历程中，你可能在心里想做许多的事情，但是一件都没有去实施，最后便有不尽的懊悔。为什么没有去做你真心想做的事情呢？要知道，你的命运由你自己掌控，为了实现你的人生价值，请选择与奋斗为伴！你要相信，没有人可以取代你！

我们每个人的内心深处，都存在着一种潜意识，这种潜意识就是我们付出了什么，我们就会有什么样的收获，它直接决定了我们将来会取得什么样的成就。生活中，许多人都在抱怨命运不济，他们的内心永远关闭着，无论是对亲人、朋友还是周围的世界。为什么会这样呢？这是由于他们没有看到自己身上的价值，这样的人，怎么会获得新生呢？

在太平洋北部的海边，生活着一种大型的海鸟，它们的名字叫信天翁，属于漂泊性海鸟。它们的长相很奇怪，鼻孔像管子，而嘴巴则在两侧。嘴巴尖端有钩，又细又长还很尖。也许就是因为它们有着得天独厚的外部长相，才会更加方便地在海洋中捕食。一些乌贼、浮游生物、小鱼小虾都是它们捕捉的对象。它们没有停歇的时候，几乎终日都翱翔在海上。它们的体长有一米多，当翅膀展开时会达到四米，是所有海鸟中展翅最宽的，正是这种翅膀，可以使它们凭借海上强劲的风力，顺风向下滑落，当马上要接近海面时，又可以顺着风势旋即而起，向上飞去。它们可以连续很长一段时间，都保持着这种上上下下回旋飞翔的状态。可以看出，信天翁的翅膀是多么强劲，可以抗击相当大的风力，简直可以称得上是世界上最大功率的"滑翔机"。

如果有人看到它们在海风中如此艰辛地觅食，由此产生同情心，将它们带到没有海风的港口，带到平静的港湾去，那么就大错特错了。来到平静的地方，它们会变得无所适从，会有一种怅然若失的感觉，而且更会在极度的悲观与焦虑之中死去。

在它们的观念里，"我既然生出了一对翅膀，就应该在大风大浪中翱翔。"有一天，即使处在了优越的享乐环境中，它们也会有所担心，因为信天翁的巨翅在这种平静安乐的生活里会渐渐退化，失去了原有的功能。与此同时，信天翁也失去了立足之本，幸福之根。

虽然信天翁只是一种海鸟，智商并不高，然而它们的生命哲学却让我们人类领首。

——摘自《信天翁的生命哲学》

也许，我们会感觉困难很可怕。但其实，享乐的漩涡更容易让人堕落于死亡之谷。无论是哪一种生物，无论它有多么高级，都应该时刻保持在奋斗状态中，都应该保持飞翔的姿态。

所以，无论处在任何境遇之中，我们都不能放弃奋斗的信念，要时刻保持一种奋斗的激情！即便我们陷入迷茫无助时，也要提醒自己："别再这样了，还在犹豫什么呢？时光不等人的，赶紧背上行囊奋斗吧！"

当你第一眼看到它时，你会为之震惊，当你猛然抬头的刹那，一种荒唐可笑的感觉会袭上你的心间。为什么呢？因为展现在你眼前的是一座用累累的白骨做成的建筑。有谁会忍心观看，又有谁能将死亡当作艺术来欣赏呢？还有谁能够忍受用5000具骸骨来构筑的殿堂？当面对这一切的时候，你的内心又如何能平静呢？或许你会认为，这简直是天方夜谭，虽然它是座骇人听闻的建筑，但是却真实地存在。

这座殿堂是中世纪遗留下来的杰作，它坐落在葡萄牙古城一个叫埃沃拉的地方，是一座极为奇特的建筑。它的奇特之处就在于：5000具人的骸骨建造成了它。从它诞生直到现在，经过无数风雨的无情洗礼，这些尸骨上的尘世浮华已经被洗涤得荡然无存。倒是整个建筑的内部显得异常诡异，这里有白骨森森，让人不寒而栗。这座殿堂存在的意义只有一个，给后人以告诫：人的一生，犹如白驹过隙，顷刻之间转瞬即逝，所以希望人人在成为白骨之前都可以为这个世界做一些有价值的事情。这座殿堂的高贵之处，主要在于它向世人展示了一个真实的场景，给后人以精神的启迪，它正引导着一颗颗迷茫的心灵向正确的方向前行。每个慕名前来的游客，都会首先听到它的门口不停地广播着重复的声音："我们在等待你的光临"，真是发人深省。

——摘自《最高贵的殿堂》

它在等待，它在等待我们什么呢？仔细思考，这种等待，绝对不是单纯地等待每个人的骸骨，而是一种作为生命的个体所应具备的爱、道义、宽容以及一切高贵的品质。这座殿堂所期待的，是一切的美好，它渴望将人性的光辉永远地留下，在这之后，才是每一个人独自走进高贵的殿堂。

当我们徜徉在这座殿堂之中时，仿佛在倾听那些故去的先民对我们的诉说：年轻人呀！请你们抓紧现在的时间，好好地去生活吧！去做一些有价值的事情，一些值得你回味的事情，千万不要像我，直到成为白骨才开始追悔莫及、悲怨惆怅。

生命其实是很短暂的，所以，我们不要再虚度年华了。因为有一座殿堂分秒都在提醒着我们：我们在等待你的光临。从此刻开始，让我们挥洒自己的汗水，努力去奋斗吧！千万不要在时光流逝的时候，再来叹息生命的短暂！

用奋斗实现自身的价值

陶行知曾说过:"奋斗是万物之父。"如果你想达到一种人生高度,那就需要不停歇地奋斗,奋斗可以给你想要的一切!有了奋斗,你的青春才有价值!生活之中,如果你怕苦怕难,停滞不前,那么它回报给你的就是碌碌无为。想要得到生活的最大报酬,你唯有选择奋斗。

有人曾说:奋斗的本身就是一种享受、一种所得。我们可能会很不理解,还会产生疑惑。难道说,勤奋工作不是为了要获得应有的声望和财富,而是把工作本身看成是一种索取?它们之间怎么能够等同呢?能够提出这种疑问的人,也许他并不知道在奋斗过程中的所获所得,更不知道生活是无法用金钱来衡量的。

忍耐和自信恰恰是我们执著奋斗的结果,也是我们在这个过程之中能够忍受讥讽嘲笑而不为之所动的结果。当我们在奋斗中屡败屡战时,我们获得的是坚定的信念和"行到水穷处,坐看云起时"的豁然心态;也许在奋斗的过程中,会面临各种引诱,若我们能视珍宝如浮云,那么我们所获得的将是一份完善的人格。人只有奋斗,生命的躁动和灵魂的升华才能被我们体验到,辉煌灿烂的人生也才能由自己去书写。

记得看过这样一个故事:

有一次,有一位重要人物准备对南卡罗来纳州一个学院的学生发表演

当你成功，你才知道什么是奋斗

说。这个学院规模不大，整个礼堂坐满了学生，他们为有机会聆听一个大人物的演说而兴奋不已。

演讲开始，一位女士走到麦克风前，扫视了一遍听众，说："我的生母是聋哑人，因此没有办法说话，我不知道我的父亲是谁，也不知道他是否还在人间。对我来说，生活陷入艰难之中，而我这辈子的第一份工作，是到棉花田去做事。"

台下一片寂静，听众显然都呆住了。

"如果情况不如人意，我们总可以想办法加以改变。"她继续说，"一个人的未来怎么样，不是因为运气，不是因为环境，也不是因为生下来的状况。"她重复着方才说过的话，"如果情况不如人意，我们总可以想办法加以改变。"

"一个人若想改变眼前充满不幸或无法尽如人意的情况，那他只要回答这样一个简单的问题：'我希望情况变成什么样？'确定你的希望，然后就全身心投入，采取行动，朝着你的理想目标前进即可。"

随后她的脸上绽出美丽的笑容："我的名字叫阿济·泰勒·摩尔顿，今天我以美国财政部长的身份，站在这里。"

——摘自《阿济·泰勒·摩尔顿》

多好的一句话——"我希望情况变成什么样？"生活中，你这样问过自己吗？如果没有，那么现在问一下自己吧。人生，是掌控在我们自己手里的。想要让自己过得更好的人，必然会选择一条勇往直前、不懈努力的奋斗之路。

看看我们周围那些因奋斗而成功的人，再看看那些因奋斗而创造的事物。一个人因奋斗而变得有价值，世界因为奋斗而变得更精彩！奋斗，是改造客观世界与主观世界的结合。它把我们从蒸汽时代推进到电气时代。正是因为奋斗，我们才拥有造福人类的机会，又有谁能说这不是最大的报酬呢？

有句话说得好："生命不息，奋斗不止。"它告诉我们奋斗并不是一时的心血来潮，而应该用一生的努力去付出，应该切切实实地从小事做起。我们要记住古人"一屋不扫，何以扫天下"的教诲，踏踏实实地工作，在奋斗中实现自己的人生价值。

一分耕耘，才能有一分收获。想要收获果实，就得先播种。我们只有脚踏实地付出努力，才能改变命运，才能过上幸福的生活。一个诚实的人，必然会受到他人的喜爱和敬重，一个勤劳的人，必然会得到成功的回报；一个诚实而又勤劳的人通过奋斗，最终一定会大获全胜。这是一种必然。

童第周出生在浙江省鄞县的一个偏僻的小山村里。由于家境贫困，小时候一直跟父亲学习文化知识，直到17岁才迈入学校的大门。读中学时，由于他基础差，学习十分吃力，第一学期末平均成绩才45分。学校令其退学或留级。在他的再三恳求下，校方同意他跟班试读一学期。

此后，他就与"路灯"常相伴：天蒙蒙亮，他在路灯下读外语；夜晚熄灯后，他在路灯下自修复习。功夫不负有心人，期末，他的平均成绩达到70多分，几何还得了100分。这件事让他悟出了一个道理：别人能办到的事，我经过努力也能办到，世上没有天才，天才是用劳动换来的。之后，这就成了他的座右铭。

大学毕业后他去比利时留学。在国外学习期间，童第周刻苦钻研，勤奋好学，得到了老师的好评。获博士学位后，他回到了灾难深重的祖国，在极为困难的条件下进行科学研究工作。没有电灯，他们就在阴暗的院子里利用天然光在显微镜下从事切割和分离卵子工作；没有培养胚胎的玻璃器皿，就用粗瓷陶酒杯代替，所用的显微解剖器只是一根自己拉得极细的玻璃丝；实验用的材料蛙卵都是自己从野外采来的。

就在这简陋的"实验室"里，童第周和他的同事们完成了若干篇有关金鱼卵子发育能力和蛙胚纤毛运动机理分析的论文。新中国成立后，童第周担任山东大学副校长的同时，研究了在生物进化中占重要地位的文昌鱼卵发育规律，取得了很大成绩。

到了晚年，他和美国坦普恩大学牛满江教授合作研究起细胞核和细胞

当你成功，你才知道什么是奋斗

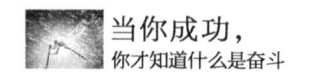

质的相互关系，他们从鲫鱼的卵子细胞质内提取一种核酸，注射到金鱼的受精卵中，结果出现了一种既有金鱼性状又有鲫鱼性状的子代，这种金鱼的尾鳍由双尾变成了单尾。这种创造性的成绩在当时居于世界先进行列。

——摘自《中国名人故事》

童第周一生都处在奋斗之中，他没有因为遇到困难而退缩，也没有因为糟糕的环境而放弃，而是通过自己的努力实现了自己的人生价值。这种奋斗的精神，值得我们每个人去学习。其实，人生是唯一的，无论我们如何来操纵，也就只此一回。忙忙碌碌也好，碌碌无为也罢，无非就是精彩与浪费的转换，精彩的人生属于自己，浪费的一生也属于自己，为名为利奔波一生的是自己，勤勤恳恳劳作一生的也无非是自己。

我们是在为自己而活，既然如此，我们就应该活出个样子来！要用奋斗来实现我们自己的生存价值，努力证明自己的存在给这个世界带来了有用的东西。人生如梦却不是梦，虽然有时候让人怎么也琢磨不透，但是我们仍然要认真地面对属于自己的每一天。

人为未知而活，为了爱、为自己、为家庭、为社会、为国家，人活着为了去寻求未知的答案，去创造未知的答案。当我们的行动受到了小小的赞扬，我们便会了解生命的目的；当我们的行动为一个未知成就了辉煌的一页，我们会找到生命的意义；当我们的行动成就了他人更成就了自己时，我们会感悟出生命的价值！

从现在起，为实现自己的人生价值而努力吧，既然我们改变不了生活，那就应该适应生活。有一句话叫作：山不过来，我转过山去。自己的人生价值，自己掌握；自己的人生价值，自己创造；自己的人生价值，自己演绎！

勇敢地走自己的路

很多时候，我们因背负着各种压力，而不能沿着自己的路勇敢地走下去。其实勇敢地做自己也是一种勇气。有些时候，我们知道宇宙的创造力能够为我们所用，我们只需要提供一个使它发挥作用的模具，而这个模具则是由我们自己的思想来建造的。

英国评论家亚瑟·西蒙斯曾说："只要我们能够选择自己的命运，把握自己的命运，那么一切梦想都会成真。只要我们精力充沛、坚持不懈，我们就能得到一切想要的东西。只有少数人能成功，就是因为只有少数人有伟大的梦想，并为之而坚持不懈地奋斗。但我们看到的是，即使有些人只是为了钱财和物质，但他们不分昼夜地工作，所以他们能够获得成功。而那些成天做白日梦的人，永远也不会梦想成真。"

当你了解了这点后，你还会限制自己的思想和创造力吗？诚然，人都会在某些时候感到自卑，但你必须提醒自己：你不是普通人，你也能成为成功人士中的一员。

有篇文章讲了这样一个故事：

有个人要穿过一片茫茫的沼泽地，因为不知道哪里是安全的路，于是只能试探着走。虽然危险性很大，一不小心就有可能陷入沼泽，但是只要小心谨慎，就有希望走出沼泽。于是这个人左跨右跳，竟也能找出一段路

当你成功，你才知道什么是奋斗

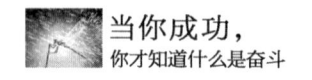

来。可好景不长，没走多远，他不小心一脚踏进烂泥里，沉了下去。

不久，又有一个人要穿过这片沼泽地，他看到在茫茫的沼泽地上有一串脚印，便想：前不久，一定有人从这里走过，那么我如果沿着这串脚印走就不会有错。于是，他便踩着那串脚印试着走起来，果然实实在在，于是他便放心地一直走下去。可是，好景不长，没走多久，他也因为最后一脚踏空而沉入了烂泥。

之后，又有一个人来到这片沼泽地前，他看着前面密密麻麻的脚印，心想：这必定是一条通往沼泽地彼端的唯一道路，也是正确的道路，看，前面已有这么多人走了过去，如果沿着这条路走下去我也一定能走到沼泽的彼端。于是他很放心地大踏步走去，最后他也沉入了烂泥。

——摘自《精神力修炼法则》

漫漫人生路究竟该怎么走？是追随着别人的脚步，还是坚定地走自己的路？当今的世界，成功之路不计其数，生活方式也各不相同。于是，我们便在滚滚红尘中越来越迷失自我，无法坚定地走好自己的人生路。

世界上有数不清的路，人生也一样，在走路的时候，如果沿着别人的路走下去，也许平坦，却永远也走不出新意，无法找到属于自己的成功。只有走自己的路才可能有创意，成功的可能性才更大。

也许有人看过赛马吧？知道比赛时为什么给马儿戴眼罩吗？那是为了把它的注意力集中在正前方。所以我们想走自己的路，也需要把注意力集中在自己的目标上，摒弃别人的流言蜚语。下面让我们来读一则小故事：

丹尼·托马斯和玛格利特·奥布赖恩演对手戏时，常带幼年的女儿去拍摄现场。开车去摄影棚的路上，女儿总会帮爸爸对台词。车窗敞开着，古龙香水和雪茄的味道在车厢里弥漫，他们一唱一和，进行着特殊的彩排。

女儿对丹尼·托马斯非常崇拜，甚至因此嫉妒玛格利特。她学她的样子梳起了马尾辫，渴望有她那样的雀斑。她一心想成为玛格利特·奥布赖恩！10年后，机会终于来了。

她将在舞台剧《吉吉》中扮演女主角，首演地定在洛杉矶的莱古拉剧院。然而梦想成真的兴奋很快过去了,所有关于她的报道,都不约而同地以她的父亲丹尼·托马斯为焦点。她总是想:我能和爸爸一样成功吗?我是否和他一样幽默而有天赋?观众会像喜欢爸爸那样喜欢我吗?一时间,她被压得喘不过气来。

她爱父亲,但丹尼·托马斯这个名字却令她惶恐不安。

"爸爸,"演出前一天,她终于鼓起勇气对他说,"请您不要难过,但我想改名。我爱您,但我受不了姓托马斯的压力。我不愿他们总拿我和您比较。"

接下来是长久的沉默。她强忍着眼泪,等父亲开口。"你看过赛马,知道比赛时为什么有的赛马戴着眼罩吗?"父亲慢声细语地说,"那是为了让它把精力集中在正前方。戴眼罩的赛马看不见观众,也看不见别的马。它眼里只有终点,它是在为自己奔跑。你也必须采取这种态度,不要管别人的看法,不要和我比,不要跟任何人比。要为你自己奔跑!"第二天,当众人鱼贯涌入剧场时,舞台经理递给她一个扎着红蝴蝶结的白色盒子。打开盒盖,一张字条和一副旧赛马眼罩呈现在她的眼前。字条上写着:"为你自己奔跑,宝贝!"

"为你自己奔跑,宝贝!"在关键时刻,丹尼·托马斯把这句箴言送给了自己的宝贝女儿,为此她一直心怀感激。那副赛马眼罩对她的一生起了至关重要的作用。从那以后,她经常问自己:"你是在为谁而奔跑?"这就是一直激励她走向成功的秘诀。

——摘自《一副赛马眼罩》

在人生的道路上,你要为你自己奔跑,为你自己奋斗。至于别人想说什么,要怎么说,就让他们去说吧,你只管走好自己的路就是了。

走自己的路,就是始终朝着坚定的目标奋进,永不退缩,有自信、有勇气与一切艰难斗争,有着永不放弃的劲头,穿越重重障碍走向成功,走向巅峰。走自己的路,才能在这个人才济济的时代里凸显出自己的优势,离成功越来越近!

当你成功，
你才知道什么是奋斗

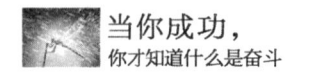

人生需要奋斗的勇气

没有一个成功人士是整天坐在那里，等待成功的。成功只属于那些鼓足勇气不懈奋斗的人。巴尔扎克说："我唯一能信赖的，是我的狮子般的勇气和不可战胜的从事劳动的精力。"

历史上，很多名人都将勇气视为人生的至宝！勇气是上天赠与我们的最好的羽翼！无论何时，面对何样的境况，勇气都应该不离我们左右，这样我们才能无所畏惧，不断向前！

有这样两个人，他们长途跋涉去一个遥远的地方，要走过一段很长的沙漠，走到中途，食物和水都没有了。他们又饿又渴。于是，其中一个人从口袋里掏出一把手枪和五颗子弹给另一个人，并对他说："我现在去找水，否则我们非饿死在沙漠里不可，你在这呆着，每隔一个小时就打一枪，我好知道你在什么地方，以免我待会儿迷了路。"另一个人听了，点了点头。这样，第一个人就走了。

留下的这个人按照第一个人的话做了，每隔一个小时就打一枪。时间很快过去，枪膛里只剩下一发子弹了，可是找食物的人还没有回来。他开始着急，担心，心想，找水的同伴会不会死了？恐惧、害怕笼罩着他的心。终于，他忍不住了，举起手枪，用最后一颗子弹打死了自己。然而，枪声响后没多久，第一个去找食物的人就拎着食物回来了，可是这个人已经死了。

——摘自《给自己一点勇气》

其实，只要这个人再忍耐一下，有勇气再等待一下，他就不至于死去！然而，他放弃了生的机会，因为，他没有勇气！正像维吾尔族那句格言所讲的，"倘若失去了勇敢，你的生命等于交给了敌人！"

勇气，是每个人一生必备的德行。无论在什么时候，做什么事情，缺少了勇气都是不行的！勇气是每个人内在的巨大能量，是一种自信的表现。有了勇气作先锋，我们才会不惧困难，我们的事业才会蒸蒸日上！一个人缺少了勇气，就像失去了脊柱，永远无法直挺地走在人生的路上，即使命运女神真的看到了他，也只会悄悄过去，而绝不会眷顾于他！

林肯大家都不陌生。法国记者马维尔曾对他进行短暂的采访，当时是1864年，美国的南北战争刚刚结束，其访问正好是在林肯去帕特森的途中。

马维尔问道："据我所知，上两届总统都想过废除黑奴制度，《解放黑奴宣言》也早在他们那个时期就已草就，可是他们都没拿起笔签署它。请问总统先生，他们是不是想把这一伟业留下来，给您去成就英名？"

林肯听后，微微一笑，不紧不慢地回答道："可能有这个意思吧。不过，如果他们知道拿起笔需要的仅是一点勇气，我想他们一定非常懊丧。"

马维尔还没来得及继续问，林肯的马车就已经出发了。可是，马维尔一直都没弄明白林肯这句话的含意。直到林肯去世50年后的一天，马维尔才找到了答案——从林肯致朋友的一封信中。林肯在信中谈到这样一件事情：

"我父亲在西雅图有一处农场，上面有许多石头。正因如此，父亲才得以以较低的价格买下。有一天，母亲建议把上面的石头搬走。父亲说，如果可以搬，主人就不会卖给我们了，它们是一座座小山头，都与大山连着。有一年，父亲去城里买马，母亲带我们在农场里劳动。母亲说，让我们把这些碍事的东西搬走好吗？于是我们开始挖那一块块石头。没过多久，就把它们给弄走了，因为它们并不是父亲想象的山头，而是一块块孤零零的石块，只要往下挖一英尺，就可以把它们晃动。"

在信的末尾，林肯说道："有些事情一些人之所以不去做，只是他们认

当你成功，
你才知道什么是奋斗

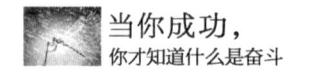

为不可能。其实，有许多不可能，只存在于人的想象之中。"

——摘自《石头与山头》

没错！生活中，很多事情并非真的那样困难，对你来说，它之所以困难，是因为你把它看得太困难了！很多时候，只要你鼓起勇气，迈出眼前的一步，你会发现，没有什么能真正把自己打倒。就像Marie Curie所说的那样："生活中没有可怕的东西，只有应去了解的东西。"从这个角度来说，勇气就是我们成功的那块敲门砖，只要你无所畏惧，鼓起勇气去敲门，那么，你会发现，没什么困难的；而且重要的是，你已经走在了成功的道路上！

人生，有时候需要的就是那么一点儿勇气，有了勇气做底，便什么都不可怕了，人生的路也会越来越宽。正像洛克曾经说过："人生的磨难是很多的，所以我们不可对于每一件轻微的伤害都过于敏感。在生活的磨难面前，精神上的坚强和无动于衷是我们抵抗罪恶和人生意外的最好武器。"

一个丧失了勇气的人无异于丧失了一切。英国有句谚语说得好："失去勇气的人，生命已死了一半。"歌德也曾经说过："你失去了财产——你只失去了一点儿；你失去了荣誉——你失去了许多；你失去了勇气——你就把一切都失去了！"可见勇气对人成长、成功有多么重要！

席巴·史密斯曾说过这样一句至理名言："许多天才因缺乏勇气而在这世界消失。每天，默默无闻的人们被送入坟墓，他们由于胆怯，从未尝试着努力过；他们若能接受诱导起步，就很有可能功成名就。"所以，从现在开始，让我们拿出自身的勇气，去努力奋斗吧！为自己活出一个像样的人生！

勇于行动，勇于尝试

安徒生曾说过："一个人必须经过一番刻苦奋斗，才会有所成就。"每个人刚出生的时候，所拥有的"潜能"是相等的。那么，是什么原因造就了人们形形色色、各不相同的人生呢？是勇气，是开始行动的勇气。人性的弱点每个人身上都有，同时，人性的优点每个人也都有，所以当你的弱点或缺陷受到挑战时，请不要退缩，你要勇敢地去面对它，用你自己的强项去征服这些挑战。

有许多在表面上看起来很难的事情，其存在的意义就是要来考验你的勇气，看你够不够勇敢。这时，只要你拿出一点儿勇气去尝试，就会收到意想不到的效果。虽然你的内心有足够的勇气，但是如果不采取行动的话，你的勇气也无法得到证明，因为一百次的心动不如一次的行动，所以你要采取行动。生活之中，有很多人对于自己没有实现的愿望，都会说，如果有来生，我一定如何如何，如果时光能够倒流我又要如何如何。仔细想想，这是一种逃避，一种懦弱，因为他在做事情之前，就已经决定放弃了，他缺乏一种勇气，更缺乏一种行动的决心。

亚洲某地有一家穷人，在经过了几年的省吃俭用之后，他们积攒够了购买去往澳大利亚的下等舱船票的钱，打算到富足的澳大利亚去谋求发财的机会。

当你成功，你才知道什么是奋斗

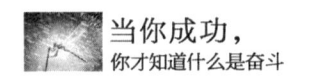

为了节省开支，妻子在上船之前准备了许多干粮，因为船要在海上航行十几天才能到达目的地。孩子们看到船上豪华餐厅里的美食都忍不住向父母哀求，希望能够吃上一点儿，哪怕是残羹冷饭也行。可是父母不希望被那些用餐的人看不起，就守住自己所在的下等舱门口，不让孩子们出去。于是，孩子们就只能和父母一样在整个旅途中都吃自己带的干粮。

其实父母和孩子们一样渴望吃到美味食物，不过他们一想到自己空空的口袋就打消了这个念头。

旅途还有两天就要结束了，可是这家人带的干粮已经吃光了。实在被逼无奈，父亲只好去求服务员赏给他们一家人一些剩饭。听到父亲的哀求，服务员吃惊地说："为什么你们不到餐厅去用餐呢？"父亲回答："我们根本就没有钱。"

"可是只要是船上的客人都可以免费享用餐厅的所有食物呀！"听了服务员的回答，父亲大吃一惊，几乎要跳起来了。

如果他们当时肯问一问就不至于在一路上都啃干粮了。他们不去问船上的就餐情况，最根本的原因是他们没有去问的勇气，因为他们在自己的脑子里早就为自己设了一个限——穷人是没钱去豪华的餐厅里享受美味的食物的，于是他们就错过了十几天享受美食的机会。

——摘自《不尝试永远不会成功》

由于没有勇气尝试而错过机会的事情其实又何止这些。也许你几番尝试，最终也不见得就会取得成功，但是如果你不鼓足勇气去尝试，那就永远没有成功的机会。

纵观社会上的成功人士，他们之所以能够成功，是因为他们具备行动的勇气，具备一种冒险的精神。他们愿意用自己的行动来证明自己眼光的独到，他们的存在，是对"思想上的巨人，行动上的矮子"的最有力的回击。

生活中，有好多的人总是眼睁睁地看着到手的机会跑掉，为什么呢？就是因为他们不敢行动，怕准备不充分，会失误。怕一脚迈不好，会跌倒。当他一切都准备好之后，却时过境迁，再采取行动已经毫无意义了。而很多东西本来就是要在行动中去学习、去见识、去经历的，不是事前可以准备好的，你想事事准备好再行动，也许永远也动不起来了。

汉斯和里尼是非常要好的朋友。几年前，当他们看到本地的人们开始摆脱过去那种自给自足的生活方式，穿鞋戴帽都趋向于商品化的时候，两个人就决定每个人都办一家服装厂。汉斯说干就干，立马就行动了起来。没过多长的时间，汉斯就将自己的产品推向了市场。

但是里尼却多了个心眼，他想先看看汉斯的服装厂的效益到底会怎么样。所以，他就没有行动，而是等一等。

汉斯的服装厂开办不久，就遇到了很大的困难：市场打不开，产品滞销，资金周转不灵，工资不能按时发放，工人的积极性都下降了不少……看到这样的情况，里尼不禁暗中庆幸自己当初没有行动，不然现在自己也会陷入到这样的困境中。

不过，顽强的汉斯并没有在困难面前倒下去。他积极地面对困难，一一想出办法去解决。一年之后，他的服装厂终于渡过了难关，利润也就滚滚而来。

里尼在看到汉斯的腰包一天天鼓起来的时候，后悔莫及。于是，他也开办了一家服装厂，但是为时已晚了。因为汉斯早办了一年，他就赢得了众多的客户和广阔的市场，这就导致里尼的客户寥寥无几。就这样过了几年之后，汉斯的营销网络遍布了美国各地，已经拥有了数亿元的身价。而里尼的服装厂却已经沦落到为朋友的鞋厂进行代加工，他的身价少得可怜。

——摘自《激情胜于能力》

我们哪怕有万种想法，如果不立即行动，也将一事无成。一个人要想做成某一件事，就必须积极行动起来，投身到你要从事的事情当中去。一开始你的经验未臻成熟，可能处处不顺手，久之你便胜任有余。

为什么有的人一生中曾有过很多的计划和理想，但最终一事无成，而有的人一生只想一件事，却最终获得成功和突破？究其原因，前者只是纸

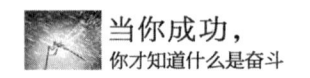

上谈兵，而后者则付诸了行动。我们想要获得成功，不能缺少想法，但是光有想法是无法获得成功的，还得有跟进想法的行动。

从现在开始，拿出笔和纸，列出一步步的行动和步骤，然后按照步骤一步一步地走下去。今天马上行动，明天也不能懈怠！每天都要持续地行动，不断向前走！

很多人之所以失败，并不是因为没有能力，没有机会，而是他们不马上行动，最终白白地错失了好机会，与成功失之交臂。或许对于这样的失败，我们有些不甘心，甚至有点儿不可思议：既然有了成功的机会，为什么不马上行动呢？梦想是需要追求的，一万个"我要奋斗"也抵不上一个"马上行动"！赶快行动起来吧。不要让自己成为空言的傀儡，而要成为行动的主人！

告诉自己：我很重要

勇气是自己给的，只有你自己肯定你很重要，别人才能肯定你确实很重要。很多时候，我们总是把自己放在无关紧要的位置，很自卑。好像正大光明地承认自己非常重要是一件多么不可理喻的事情！若是你始终没办法正确地认识自己，你对外发出的讯号就是：我不重要，我没有价值！他人是通过我们自己来看待我们的，这个讯号发出，你将会得到更多"你不重要"的回馈！

从小到大，我们总是被教育要把自己放在最后一位，然而，按照吸引力法则中同类相吸的道理，这样的结果就是我们吸引来了自己认为自己没有价值的感觉！这样的感觉寄居在我们的心里，让我们无法发挥出自己的潜力。因此，我们必须改变我们的思想！勇敢地站出来，告诉自己："我很重要！"

第二次世界大战以后，受经济危机的影响，日本失业率陡然上升。各个工厂为了维持下去，都纷纷开始裁员。有一家食品工厂决定裁掉1/3的员工。裁员名单中，有三种人作为最先考虑的裁员对象：第一种是清洁工，第二种是司机，第三种是没有任何技术的仓管人员。这三种人加起来有三十多名。

经理找到这些人，对他们说明了公司的裁员策略和裁员意图。清洁工

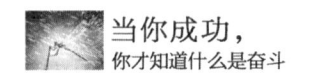

说:"我们很重要,如果没有我们这些清洁工每天打扫卫生,保持清洁优美、健康有序的工作环境,环境不知道要糟糕到什么地步!公司的员工如何能够全身心地投入工作?"

司机说:"我们很重要,公司每天生产这么多产品,没有司机怎么能迅速有效地销往市场?"

仓管人员说:"我们很重要,您看,战争刚刚过去,我们的很多人民还挣扎在饥饿线上,如果没有我们这些仓管人员,我们工厂的食品岂不要被流浪街头的乞丐偷光!"

经理听完他们的话,想想确实都有道理。于是决定不裁员了!他派人做了一块大匾挂在工厂门口,只见上面赫然写着:"我很重要!"

工人们每天来上班,第一眼看见的就是匾上"我很重要"四个字。工厂上上下下的人,不管是基层岗位的职工,还是管理岗位的人,工作起来都非常努力、认真。一年以后,公司迅速崛起,成为日本规模巨大、收益极佳的著名公司。

——摘自《我很重要》

不管什么时候,处在怎样的环境中,我们都不要看轻自己。勇敢地对自己说:"我很重要!"我们的人生将会因为"我很重要"而走上崭新的充满着阳光的征程!

卢梭说:"我不说我是卓越的,但是我与众不同。上帝是用模型制造人的,塑造了我以后就把那个模型捣碎了。"辛涅科尔说:"对于宇宙,我微不足道;可是,对于我自己,我就是一切!"耶稣说:"一个人赚取了整个世界,却丧失了自我,又有何益?"没错,我们每个人都是独一无二的杰作,我们是自己的主宰!

承认自己很重要,不是狂妄自大,目中无人,而是摆正自己的位置,认识到自己的价值,充分发挥出自己内在的潜力,因为我们并不是一颗被遗忘在角落的石子,我们都可以成为一道独特而亮丽的风景!

一个叫黄美莲的女子,自小就患有脑性麻痹症。此病状,因肢体失去平衡感，手足会时常乱动，口里念叨着模糊不清的词语，模样十分怪异。在常人看来，这样的人已失去了语言表达能力与正常生活的条件，更别谈什么前途与幸福。

但黄美莲硬是靠她顽强的意志，考上了美国著名的加州大学，并获得了艺术博士学位。她靠手中的画笔，还有很好的听力，抒发着自己的情感。

在一次演讲会上，一个中学生竟然这样提问："黄博士，你从小就长这个样子，请问你怎么看你自己？"在场的人都责怪这个学生不敬，但黄美莲却十分坦然地在黑板上写下了这么几行字："一、我好可爱；二、我的腿很长很美；三、爸爸妈妈那么疼爱我；四、我会画画，我会定稿；五、我有一只可爱的猫；六……"最后，她以一句话作为结论："我只看我所有的，不看我所没有的！"

——摘自《我只看我所有的，不看我所没有的》

这是一种多么昂扬的人生态度！要想成功，必须要接受和肯定自己。接受自己才能不回避现实，勇敢面对现实；肯定自己才能尽力发挥优势，才能信心百倍，充满活力。要记住：每一个生命都是独特的，生命中有欢笑，也会有苦难，然而不管何时，我们都要做自己心灵的主人，做承载自己生命的方舟，告诉自己："我很重要！"如此，便没有什么苦难能够打败自己！

作为孩子，你是父母生命的延续，父母对你倾注了无限的爱和关怀。作为父母，你是孩子生命中的保护伞，是他们心灵的阳光！作为朋友，你是他们心灵的港湾，分享他们的快乐，分担他们的忧愁！作为爱人，你是他生命中的一根肋骨，有了你，他的生命才完整！是的，你很重要。我们每个人都是大千世界中重要的一员，有着各自的责任和使命！我们要看得起自己，我们要勇敢地对自己说："我很重要！"

或许，你对承认"我很重要"还不习惯，你对这个想法还很陌生，那是因为，你在认为自己不重要的世界中生活得太久了，本来有着巨大的财富，而你一直浑然不知，当这些财富在你面前，被告知属于你时，你是否

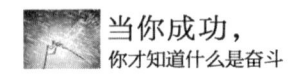

会觉得这不真实？

向自己的内心呼喊，告诉自己："我很重要！"你会发现你的内心掀起巨大的波澜，似乎唤起了自己内心沉睡已久的力量！给自己一个欣赏的讯息，当你能够非常自然地看待自己，自然地承认自己的独特和重要时，你发现了你的内心在微笑吗？你是否感觉到一种轻松和惬意？是否感觉内心有一种力量在涌动？因为你看到了自己，你找到了自己作为一个人的价值！你因为"我很重要"而骄傲！

你，是自己生命的主宰，你主宰了自己的一切，如果你想向前，你想成功，你想像阿拉丁的神灯一样实现自己的每一个美丽的愿望，只要你想，你便能够！没有人能够将你从前进的步伐中拖曳出来！

莎士比亚说："人类是一件多么了不起的杰作！多么高贵的理性！多么伟大的力量！多么优美的仪表！多么文雅的举动！在行为上多么像一个天使！在智慧上多么像一个天神！宇宙的精华！万物的灵长！"毕淑敏说："重要并不是伟大的同义词，它是心灵对生命的承诺！"

让我们昂起头，对着这个美丽的世界，高声地宣布："我，很重要！"

一定不要输给自己

失败者之所以不能成功，是他们不敢对自己的能力有一个清醒的认识。在自卑心理的支配之下，他们将自己的劣势、困难的程度进行无限地放大，做起事来畏首畏尾，缺乏信心，难免要遇到失败。

这样的失败是最可惜的，因为他们输给的并不是别人，而是他自己。就像下面这位园艺师傅一样。

日本三洋电机的创始人是井植岁男。有一天，他家的园艺师傅找上门来对他说："井植先生，您的事业越做越大，挣的钱也越来越多，而我却像一只蹲在树上的蝉，没有任何出息。我想恳求您帮帮我，告诉我一些发大财的秘诀可以吗？"井植岁男爽快地答应了，对园艺师傅说："经过我的长期观察，我发现你比较适合做园艺工作。既然如此，你干脆和我一块合作种树苗生意吧。我的工厂旁边有一片大约两万平方米的空地，我们可以把树苗种在那里。"井植岁男又问园艺师傅说："你知道买一颗树苗需要多少钱吗？"园艺师傅回答说："40日元。"

井植岁男说："我们按每平方米种两棵树苗算，去掉走道和水渠的占地面积，两万平方米大约能种上3万棵树苗，这样树苗的成本只需要120万日元就够了。那么在三年之后，一棵树苗能卖多少钱呢？"

园艺师傅说："至少要卖到3000日元。"

当你成功，
你才知道什么是奋斗

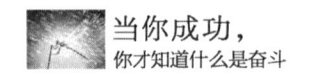

井植岁男说："那好，这120万日元的成本费和以后施肥的费用我来出，你就负责在这三年里除草和施肥。三年之后，我们再把这些树苗卖出，一共是3万棵，应该能卖到9000万日元，取出成本，应该能剩下约7600万日元，到时候的利润我们对半分，怎么样？"

谁知那位园艺师傅听完之后却不敢答应，他说："尽管您说的非常好，但是我觉得自己没有这方面的本事，没有胆量去做那么大的生意，还是算了吧。"

最后，园艺师傅还是选择了在井植家中栽种树苗，每月领取到稳定并数额不多的工资。

——摘自《把自己定位为失败者的人就没有理由获得成功》

在很多情况下，一个人取得成功的障碍并不是客观的环境，却恰恰是自己。因此，我们在前进的道路上，除了做好和困难作斗争的准备之外，还要学会清理一下心中的消极因素，把怯懦、恐惧和怀疑等因素远远地抛开。只有时刻警惕和克制自己身上的弱点，时刻要求征服自己，才有可能战胜一切外在的困难。

爱默生说："伟大高贵的人物最明显的标志，就是他们坚定的信念，不管环境变化到何种地步，他们的初衷与希望，仍然不会有丝毫的改变，而且终将克服障碍，以达到所企望的目的。"自古以来，凡是成就一番事业的人，并不是因为自己拥有多么超常的能量，也不是因为得到了上天的垂青，而是因为他们能够正视自己，征服自己，将失败从自己的词典中删除，最终才得到了成功。

吴运铎出身于一个贫苦的农民家庭，12岁就在煤矿当了机电修理工，受尽了非人的折磨。1938年，他毅然投奔新四军，从事军械修理和制造工作。一年后，他光荣地加入了中国共产党。从此，不管是在马达轰鸣的车间里，还是在危险四伏的试验场，吴运铎不停钻研设计出了许多武器装备，并多次身先士卒，冒着生命危险去做各种炸弹、地雷的试制实验。后来，吴运铎的左眼被炸瞎，左手4个手指被炸掉了，两条腿也落下了残疾。

但是，他并没有放弃自己所追求的事业，而是在和死神作斗争之后重新站了起来，又投入到了革命事业中去。他的故事广为传扬，在解放区，人们亲切地称呼他为"中国的保尔"。

吴运铎的事迹感动了当时的苏联人民，他们在莫斯科高尔基大街14号建立了"中国保尔纪念馆"，对这位奥斯特洛夫斯基式的人物表示崇高的敬意。

后来，吴运铎写了一本书，叫作《把一切献给党》，他在书中详细介绍了自己的奋斗过程。这本书虽然只有六万八千多字，但是却影响了整整几代人，很多人都把这本书当成自己的指南，把吴运铎当成精神导师。

——摘自《把一切献给党》

如果换作一般人，在身体受到严重摧残的情况下，一定会埋怨和堕落，但是吴运铎却不认为自己是上帝的弃子，也没有认为自己注定就是一个失败者，而是用乐观积极的心态、更加昂扬的斗志投身于所从事的事业当中，最终让自己取得了辉煌的成就。

当我们将思维聚焦在失败上的时候，那么，失败的思维就会在脑海里发酵，这必定会影响到一个人的成功。因此，我们一定要及时地去除束缚心灵的枷锁，用积极乐观的心态去看待事物，为事业的成功打下坚实的基础。

有一个十分胆小的长着龅牙的8岁男孩，他的脸上总显露出一种惊讶惧怕的表情。而且，他的呼吸就像喘气一样，如果被老师喊起来背诵课文，他立即双腿发抖，嘴唇颤抖不已。像这样的孩子，一般都会自卑，会逃避许多社交活动，更不敢交朋友。但他有点儿特别，他强迫自己跟那些嘲笑他的人接触，强迫自己去打猎、骑马或进行其他一些激烈的活动，使自己变为吃苦耐劳的人。

他的缺陷促使他努力地改变自己，他喘气的习惯变成一种坚定的嘶声，他用坚强的意志，咬紧自己的牙床使嘴唇不颤动。在他进大学之前，他用追赶鸟群、在落基山猎熊、在非洲打狮子来克服惧怕。

当你成功，
你才知道什么是奋斗

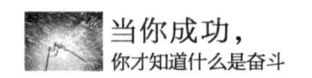

  这个小孩凭着这种奋斗精神，不因为缺陷而气馁，直到攀登上成功的巅峰，到了晚年，已经很少有人知道他有严重的缺陷。他就是杰出的美国总统——富兰克林·罗斯福。

——摘自《智慧人生》

  生活中的我们如果因为胆怯而不敢与人交往，活动范围仅限于很小的朋友圈子，那么久而久之会变得越来越孤僻、退缩。很少与人交往的人，往往认为自己是不可爱的、不受欢迎的。如果形成了这样消极的自我概念，那他在行动上就会有意无意地表现得让人很难接近。相反，当一个人认为自己是可爱的、被别人接受的，就会表现出自信，交往的人越多，就越会增加他的自信，从而在别人面前就不那么胆怯退缩了。

  怯懦、恐惧和怀疑等因素是我们人生路上的重大障碍，是成长、成功道路上的绊脚石，它总是让我们败给最大的敌人——自己！所以，我们必须努力让自己踢开这些绊脚石，勇往直前地走在成长、成熟、成功的道路上！

相信自己，一定能行

一颗沙粒，只有经过在蚌贝中的反复冲洗，才能成为名贵的珍珠。一棵小树，只有经历风雨才会长成参天大树。人也一样，只有经历挫折，才能获得丰富的经验。不要自卑，自卑是打垮一个人自信和扼杀一个人精神的魔鬼，心底的卑微感会让我们变得懦弱。我们不一定是最好的，但只要尽到自己的努力，就问心无愧，有时候结果并不重要。

在每一位成功者的眼中，生活是波折不断的，但是他们就喜欢挑战这样的生活，因为他们觉得没有自己解决不了的事情。其实，他们之所以能这么自信，之所以能这么成功，都是因为他们有着"我一定行"的心理暗示。成功学家胡巴特曾说，这个世界愿对一件事情赠予大奖，包括金钱与荣誉，这就是要相信自己行就一定行。

相信自己是成功的法宝之一，因此，我们要学会相信自己。如果我们总期望更好、更高、更神圣的东西，为此付出艰苦的努力，就一定会达到自己的目标。如果我们能够雄心勃勃地主宰自己的全部思想和行动，我们的雄心就很容易变为现实。

齐雅涵从小就特别敏感而腼腆，她长得非常胖，这一点从她的脸上看起来更加明显。齐雅涵有一个很古板的母亲，她认为一个女孩子必须保持以前老人的作风，穿衣服不能穿得花花绿绿的。她总是对齐雅涵说："宽衣好

当你成功，你才知道什么是奋斗

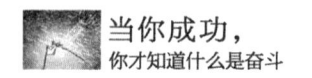

穿，窄衣易破。"而且总照这句话来帮齐雅涵穿衣服。所以，齐雅涵从来不和其他的孩子一起玩，甚至不上体育课。她非常害羞，觉得自己和其他人"不一样"，并且封闭了她自己的生活，完全不讨人喜欢。

长大之后，齐雅涵在母亲的包办下嫁给一个比她大好几岁的男人，可是她并没有改变。她丈夫一家人都很好，对生活也充满了自信。齐雅涵也尽最大的努力想去迎合家人，可是她并没有做到。为了使齐雅涵能开朗地做每一件事情，家里人都尽量地在不经意间纠正她自卑的心理，可是这样做使齐雅涵变得更紧张，她把自己关闭在黑暗与孤独之中。她躲开了所有的亲人与朋友。齐雅涵知道自己是一个失败者。所以每次和家人共同出现在公共场合的时候，她都假装很开心，结果常常做得太过分。就在这样的生活中齐雅涵过了几年，但人的心理承受总有一个极限，当齐雅涵达到了极限，她想到了自杀。

但一件事改变了齐雅涵的命运，让她从死亡的边缘走了回来。一次她在家里听到了婆婆对孩子说的话："不管做人，还是做事，我们总要保持我就是我的原则，也就是保持本色。"

"我就是我，保持本色！"在那一刹那间，齐雅涵发现自己之所以那么苦恼，就是因为她一直在试着让自己适合于一个并不适合自己的模式。

这次偶然的事件让齐雅涵改变了，后来她回忆说："从那以后，我开始改变我自己，经过几天的思考，我知道了我不快乐的原因。于是，我开始保持我内心本色。我试着研究我自己的个性，自己的优点，尽量用适合我的方式去穿衣服。我主动地去交朋友，常常与邻居到公园里去游玩，慢慢地我的勇气一点点增加了，我也从中得到了许多快乐，这所有的快乐，是我从来没有想到的。在教育我自己的孩子时，我也总是把我从痛苦的经验中所学到的经验教给他们，不管做人，还是做事，我总要保持我就是我的原则或者保持本色。"

——摘自《永远看得起自己，提高自己的自信心》

在我们的一生中，究竟什么是决定人生成功的重要因素呢？是气质还是性格？是财富还是关系？是勇敢还是聪明？这些都不是。最重要的是自己必须相信自己，自己必须看得起自己，只有如此才能走向成功。

美国南北战争时期有一位名叫格兰特的将军，此人军事才能杰出，但有一个毛病就是好酒贪杯。林肯给过格兰特这样的评论：他是一位帅才，虽有缺点而且很明显，但其他人的才能无法与之相比。林肯为了任命格兰特，对众多的反对者说："你们说他有爱喝酒的毛病，我不知道，如果知道，我还要送一箱好酒给他呢！"格兰特的上任，决定了战局的胜利。在他的统帅下，美国南北战争出现了转折，北军很快平定了南方奴隶主的叛乱。

1862年初，越打越艰难的南北战争，对于北方来说，已经到了生死存亡的地步。可是美国总统林肯还在为总指挥官的人选伤透脑筋。千军易得，一将难求，按林肯的条件：这个人要勇于行动，敢于负责，而且善于完成任务。

他选择的第一任军事总指挥斯科特将军老态龙钟，思想落伍，不愿意也没有能力承担责任；第二任军事总指挥麦克道尔将军是一个完全不能胜任工作的人，他甚至对统帅一支大部队都感到手足无措；第三位军事总指挥克莱伦将军看起来是个优秀的人，但是他瞻前顾后，沉溺于理论分析中，很少去付出行动。

无奈之下，林肯任命哈勒克将军为第四任总指挥，然而哈勒克依然让他失望了。短短的几年中，如此频繁地更换军事总指挥，林肯总统实出无奈。当格兰特出现时，林肯知道合适的军事指挥官找到了。

在林肯总统的心目中，格兰特将军就是他一直要寻找的人。他充满了自信，勇敢无畏；敢于冒险，意志坚定；他在冒险中还敢于想象，在想象中还敢于付诸行动；他敢于负责，能创造性地完成任务。

1863年10月16日，林肯命令所有的北部军听从格兰特的指挥，格兰特因此成为第五任军事总指挥。1864年3月10日，林肯正式任命格兰特为中将，统领三军。格兰特成为了美国继华盛顿、斯科特之后拥有统领三军这一最高军事权力的人。

当你成功，你才知道什么是奋斗

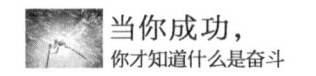

事实证明，林肯终于找到了合适的人才。这个其貌不扬的人，却是当时全美唯一能够和南方军统帅罗伯特·李将军抗衡的人。

格兰特没有让林肯失望，1864年4月初，格兰特发起的维克斯堡战役把南方同盟切成了两半，将密西西比河这条大动脉从南方军手中夺了过来。联邦的每一个城市和农村顿时群情欢腾，人们以各种形式欢庆胜利，祝贺指挥战争的头号英雄格兰特。

当林肯接到来自格兰特的捷报时，激动万分地说："干得好，格兰特！"

格兰特指挥的维克斯堡战役的胜利是美国内战的一个重要转折点，而且维克斯堡战役勇猛、果断、灵活、快速的战术，也成为美军机动进攻的典范，并被写进1982年版美国陆军《作战纲要》。

格兰特的胜仗结束了南北战争，并使他成为国家的英雄。1868年，共和党提名格兰特为总统候选人。

——摘自《永远看得起自己，提高自己的自信心》

因此，提高自己的自信心，也是你迈向成功的一部分。美国发明家爱迪生在介绍他的成功经验时说："什么是成功的秘诀，很简单，无论何时，不管怎样，我也绝不允许自己有一点点灰心丧气。"格兰特的身上也正是具备了这个特质，他相信自己一定能够战胜一切困难，他不害怕挫败，他不放弃一切，所以创造了自己的奇迹。

所以，我们每个人都要相信自己行，我们要明白自己是唯一的，自己是一流的，只要我们为自己奋斗了，就没有不成功的理由。只要我们相信自己行，我们就一定行；只要我们相信自己一定会成功，我们就一定会成功。

让勇气带你闯出无限成就

美国心理学家斯科特·派克说:"不恐惧不等于有勇气,勇气使你尽管害怕,尽管痛苦,但还是会继续向前走。"在这个世界上,只要你真实地付出,就会发现许多门都是虚掩的!微小的勇气,能够闯出无限的成就。

史东是"美国联合保险公司"的主要股东和董事长,同时,也是另外两家公司的大股东和总裁。然而,他能白手起家,创出如此巨大的事业却是经历了无数次磨难的结果,或者我们可以这样说,史东的发迹史也是他敢于闯荡的结果。

在史东还是个孩子时,就为了生计到处贩卖报纸。有家餐馆把他赶出来好多次,他却一再地溜进去,并且手里拿着更多的报纸。餐馆里的客人为其勇气所感动,纷纷劝说餐馆老板不要再把他赶出去,并且都解囊买他的报纸。

史东一而再、再而三地被踢出餐馆,屁股虽然被踢疼了,但他的口袋里却装满了钱。

史东常常陷入沉思:"哪一点我做对了呢?""哪一点我又做错了呢?""下一次,我该这样做,或许不会挨踢。"就这样,他用自己的亲身经历总结出了引导自己达到成功的座右铭:"如果你做了,没有损失,而可能有大收获,不如就放手去闯。"

当你成功，你才知道什么是奋斗

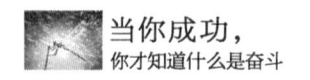

当史东16岁时，在一个夏天，在母亲的指导下，他走进了一座办公大楼，开始了推销保险的生涯。当他因胆怯而发抖时，他就用卖报纸时被踢后总结出来的座右铭来鼓舞自己。

就这样，他抱着"若被踢出来，就试着再进去"的念头推开了第一间办公室。

那天只有两个人买了他的保险。从数量而言，他是个失败者。然而，这是个零的突破，他从此有了自信，不再害怕被拒绝，也不再因别人的拒绝而感到难堪。

第二天，史东卖出了4份保险。第三天，这一数字增加到了6份……

20岁时，史东设立了只有他一个人的保险经纪社。开业第一天，销出了54份保险单。有一天，他更创造了一个令人瞠目的纪录122份。以每天8小时计算，每4分钟就成交了一份。

在不到30岁时，他已建立了庞大的史东经纪社，成为令人叹服的"推销大王"。

推销员，可能是世界上最需要厚脸皮的职业之一。可以说，不经过千百次的被拒绝的折磨，就不可能成为一个优秀的推销员。史东有句名言，"决定权在于推销员的态度，而不是顾客。"

——摘自《微小的勇气能够取得无限的成绩》

闯荡，离不开勇气的支撑，因为太过谨慎而没有勇气去推一扇门，你可能与成功擦肩而过。当别人成功时，你不要羡慕人家的幸运，事实上，命运也给过你机会，可是你没有敢闯的勇气，没敢伸手去抓住它。要是拿出一份勇气去闯荡，你就会闯出很大的成功。

敢于第一个吃螃蟹的人，往往会得到成功的眷顾，成为离成功最近的人！所以，敢闯才会成赢家。成功总是偏爱那些最勇敢的人。勇于挑战"不可能"的人，往往能闯出一块崭新的天地来！石油巨子保罗·盖蒂就是一个敢闯敢干的人。

第一章
成功需要奋斗，请给自己一点奋斗的勇气

1932年盖蒂继承了一家小型凿井企业，在同行中默默无闻。

平常都是大的石油公司收购兼并小的凿井企业，而盖蒂却敢冒天下之大不韪，决定要收购庞大的潮水公司！而潮水公司的实际控制权则在美国石油大鳄洛克菲勒财团手中！

这在旁人的眼里看来，简直就是自不量力，无疑是拿鸡蛋碰石头！

但盖蒂拥有狮子一样勇敢的性格，非要一碰到底！

1932年3月，盖蒂以每股2.5美元的价格买进潮水股份1200股，6个星期以后已经增加到4.1万股。盖蒂一路买进，一年以后已经拥有了74.3万股，成为公司董事。盖蒂提出了一些公司改革的方案，不过遭到大多数守旧派董事的反对。

为了能在公司董事会中站住脚，盖蒂继续收购市面上的闲散股票。

机会终于来了！

后来洛克菲勒决定出售部分潮水的股份，盖蒂毫不犹豫地吃进了180万美元的股份。到1940年，盖蒂已经拥有了超过潮水总股份1／4的股份，在公司的决策当中已经起到了重要的作用。到了1951年，董事会成员基本全都由盖蒂提名，盖蒂成功地控制了潮水公司！

——摘自《人要有叛逆性 否则一生都睁不开眼睛》

人生最大的失败，就是因胆怯而站在原地，什么也不做。只要你勇敢地闯出第一步，就一定有机会成功！人生要是仅仅靠被动的等待，是不可能有成功送上门的，所以，我们在一些时候也需要具备为自己闯出新天地的大勇气。富兰克林就是拥有大勇气的人！

富兰克林一开始宣称闪电是天空中大规模的放电现象时，招致了人们的一致嘲笑。他决定冒险做一个实验来证明自己的论断。

在一个暴雨的天气，他来到郊外放风筝，风筝是特制的，放风筝的绳索里有一根细的金属导线，一端连接着高飞的风筝，一端连着一把铜钥匙，系在富兰克林的手腕上。

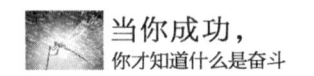

这是一场威胁生命的赌博！富兰克林毫不犹豫地选择了冒险！

一阵闪电划破天空，富兰克林胳膊上传来酸麻的感觉。

他兴奋地大喊："我抓住闪电了，我抓住闪电了！"然而他却丝毫没有注意到，死神刚刚与他擦肩而过！

——摘自《文理导航·科普童话》

很多人渴望成功，却又缺乏闯荡的精神，在工作中畏首畏尾，就像笼子里的兔子，一有危险，就蜷缩在角落里，浑身抖个不停。会闯的人决不惧怕压力大、风险多，他们有非同常人的冒险精神！他们明白——人若失去了勇敢挑战的精神，那么，就什么都失去了！

其实，在成功的大道上，风险恰如拦在路中间的巨石，因为胆怯而不敢去挑战的人就会在此止步不前。而敢于闯荡的人都选择了奋力攀登，最后我们就会发现，那块拦路的巨石恰恰就是通向成功的捷径！

勇敢地向自己挑战

挑战自我是生命的要求。人活在世上，不能只贪图安逸享受。慵懒自私的人，永远也享受不到人生的真正乐趣。只有努力创造、全力拼搏、不断超越，才能在激烈的竞争中占有自己的位置，使生命的碰撞发出耀眼的火花。

人生是一个不断发展，不断超越自我的过程，而只有那些在这个过程中不断自我挑战的人，才是真正的胜者。正是这种不断地自我挑战，才使人类从愚昧无知的远古走到文明昌盛的今天。所以，我们要正视挑战自己的作用，挑战是一种隐藏的能量，只有在我们到达"极限"时才会释放出来；挑战是一个长梯，帮助我们登上成功的顶峰；挑战是一本"人生的书"，可以帮助我们更好地领悟人生的含义。

只有挑战自己，我们才会走进一个新的领域，才会对人生观有全新认识。要知道，这世上所有的成功来源于挑战，而挑战最好的对象就是自己。因为对自己的挑战，就是向一切竞争者挑战！战胜自己，也就战胜了成功的障碍。如果我们渴望走向成功，就一定要鼓励自己："向自己挑战吧！"

一天，龙虾与寄居蟹在深海中相遇，寄居蟹看见龙虾正把自己的硬壳脱掉，露出娇嫩的身躯。寄居蟹非常紧张地说："龙虾，你为什么放弃保护

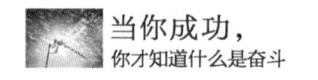

自己身躯的硬壳呢？以你现在的情况来看，连急流也会把你冲到岩石上去。

龙虾气定神闲地回答："谢谢你的关心，但是你不知道，我们龙虾每次成长，都必须先脱掉旧壳，才能生长出更坚固的外壳，现在面对危险，是为了应对更严峻的挑战。"

——摘自《励志故事》

人生最大的挑战就是挑战自己，这是因为其他敌人都容易战胜，唯独自己是最难战胜的。有位作家说得好："自己把自己说服了，是一种理智的胜利；自己被自己感动了，是一种心灵的升华；自己把自己征服了，是一种人生的成熟。但凡说服了，感动了，征服了自己的人，就有力量征服一切挫折、痛苦和不幸。"

张其金的童年是在云南边远的农村度过的。他住在被群山环抱的大山之下。在1986年，云南大山里的人们还在饱受着饥饿与贫穷的折磨，但这一切也没有影响到张其金。直到他到城里读高中的时候，还经常听到老人们说"某某家又饿死孩子了"。每当张其金回忆起这些细节时他都会说："当我回到家乡的时候，我看到的情景是，我的乡人们的脸上还是一副脸色发黄、身材枯瘦的样子，看到他们瑟瑟发抖的身体，我的心里就会产生一种难以表达的感觉。"

在张其金童年的记忆里，范天能是教他小学的语文老师，这位老师当时就是一个敢于向自己挑战的人，他经常对他的学生说："一个人能成为什么样的人不在于他出身如何，而是要看他是否敢于挑战自我。如果他敢于挑战自我，他就一定会做出最伟大的事情来。"张其金现在回忆起来说："每次听他这么说，我们都会嘲笑他，甚至将他的话当作耳边风一样不加理会。但是，范天能老师从来都没有放弃过鼓励我们。"

在一个寒冷的冬日，范天能老师单独把张其金叫到了他的办公室。在张其金走进他办公室的那一刻，他用一双坚锐的眼睛看着张其金，过了好长时间，然后用一种威严的声音对张其金说："张其金同学，我现在请你到操场上去站一个小时。"

张其金听范天能老师这么说，便吃惊地看着他，过了好半天才抗议道："我并没有做错什么事，你凭什么让我站到操场上去！"

范天能老师站了起来，用手抚摸着张其金的肩膀说："孩子，我知道你没有做错什么。我对你只有一个要求：从现在开始，请你去做一个敢于向自我挑战的人，如果你能战胜了这个严冬，你就能够战胜一切困难。"

"我？"张其金的心里开始哆嗦起来，心里想道，"我的范老师呀！你有没有搞错呀！让我站在操场上一个小时，虽然这里不是零下几十度，但这里是历来就有小西伯利亚之称的北闸呀，你是存心与我过不去，一个小时，我不冻僵才怪呢！——你是不是疯了！"尽管张其金这样想，但他没有拒绝，最后还是站到了操场上。

时间一分一秒地过着，一分钟，两分钟，十分钟，张其金坚持不住了，但他还是对自己说，我要做一个能够挑战自我的人——我要做一个敢于挑战自己的人。就是在这样的意念之下，张其金又坚持了二十分钟。

四十分钟的时候，张其金好像进入了一种状态，他在心里默想道："其实这里的冬天并不寒冷，毕竟这里是南方，我的老师因为爱我，才希望我敢于挑战自己，他让我从这里感受到了大自然也有温暖与冰冷。这对我是非常有益的，当我日后走上社会的时候，我将面对的是成功与失败，报复与打击。如果面对成功与失败，面对报复与打击，我都能敢于挑战自我，那我就会走向成功。"

张其金的默想似乎在体内产生了某种能量，他热血上涌，最后情不自禁地大叫了一声："是啊，我要向自己挑战。谁敢应战？"张其金激动不已，他的内心渴望着更大的挑战。

也许正是张其金经历了这样一场锻炼，在他日后的人生经历中，无论是面对多大的打击，他都能够坦然面对。张其金在创业路上同样遭受过打击和失败，但他总是敢于挑战自我。每当夜深人静的时候，他常常对自己说："在茫茫宇宙中，在无限的时间和空间中，一次失败算不了什么，我不能屈服于失败，我要竭尽全力去努力、去拼搏，我要用一颗百折不挠的心去重新开创自己的事业。"他四处奔走，一面经营着自己的文化公司，一面开拓新的业务。

张其金在自己的创业旅途中，不断地努力着，他一直都在为了自己的理想而奋斗着。在重新启动公司的岁月里，他经受着坎坷、险阻、困难、打击、报复、诬陷、波折。在刚开始的半年时间里，张其金可谓步履艰难，重重困难向他扑来，无处躲藏，无人伸出援手，但他持之以恒地走了下来，最后走向了成功。

——摘自《放手一搏就能赢，不要怀疑自己》

通过张其金的故事，我们明白，每个人都不应向命运屈服。我们要看到，一个人要取得成功，关键在于"无所畏惧地接受挑战"和"自信地发挥我们自己的力量"的态度。这意味着保持一种进取的、追求目标的态度，而不是防御的、退避的或消极的态度。"不管发生什么情况，我都能应付自如，或者看到解决问题的方法"，而不是"我希望什么事情也别发生"。

所以说，只要我们敢于挑战，我们就能相信：任何未来的日子都是新生命的片段，绝不可轻言放弃。尤其不可在我们未完全绝望时，轻言放弃任何未来的日子。挑战是我们对自我超越的一种激励，在这种激励之中，我们必将要忍受许多苦痛和折磨。这个时候，我们要学会坚持下去，只有这样，我们才能真正完成自我的挑战，真正让自己有所突破、有所超越，这种突破和超越将成为我们奋斗后的果实，伴随我们一直走向成功！

激发自己内在的潜能

在这世上,每个人的潜能都犹如一座待开发的金矿,蕴藏无穷,价值无比。但是,由于没有进行各种潜能训练,每个人的潜能从没得到淋漓尽致的发挥。并非大多数人命里注定不能成为"爱因斯坦",只要发挥了足够的潜能,任何一个平凡的人都可以成就一番惊天动地的伟业,都可以成为一个新的"爱因斯坦"。

世界顶尖潜能大师安东尼·罗宾告诉我们,任何成功者都不是天生的,成功的根本原因是开发了人的无穷无尽的潜能。只要我们能够抱着积极心态去开发自己的潜能,我们就会有用不完的能量,我们的能力就会越用越强。相反,如果我们抱着消极心态,不去开发自己的潜能,那我们只有叹息命运不公,并且越消极越无能!

每一个人的内部都有相当大的潜能。爱迪生曾经说:"如果我们做出所有我们能做的事情,我们毫无疑问地会使我们自己大吃一惊。"从这句话中,我们可以提出一个相当科学的问题:"你一生有没有使自己惊奇过?"

不知道人家有没有听过这样一个寓言?寓言中说:

一天,一个喜欢冒险的男孩爬到父亲养鸡场附近的一座山上去,发现了一个鹰巢。他从巢里拿了一只鹰蛋,带回养鸡场,把鹰蛋和鸡蛋混在一起,让一只母鸡来孵。于是,孵出来的小鸡群里有了一只小鹰。

当你成功，你才知道什么是奋斗

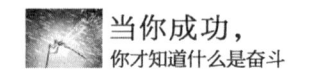

小鸡和小鹰一起长大，因而不知道自己除了是小鸡外还会是什么。起初它很满足，过着和鸡一样的生活。但是当它逐渐长大的时候，它心里就有一种奇特不安的感觉。它不时想："我一定不只是一只鸡！"只是它一直没有采取什么行动。

直到有一天，一只了不起的老鹰翱翔在养鸡场的上空，小鹰感觉到自己的双翼有一股奇特的新力量，感觉胸膛的心正猛烈地跳着。它抬头看着老鹰的时候，一种想法出现在心中："养鸡场不是我呆的地方。我要飞上青天，栖息在山岩之上。"它从来没有飞过，但是它的内心里有着力量和天性。它展开了双翅，飞到一座矮山顶上。极为兴奋之下，它再飞到更高的山顶上，最后冲上了青天，到了高山的顶峰，它发现了伟大的自己。

——摘自《陈安之成功全集》

当然会有人说："那不过是个很好的寓言而已。我既非鸡，也非鹰。我只是一个人，而且是一个平凡的人。因此，我从来没有期望过自己能做出什么了不起的事来。"或许这正是问题的所在——你从来没有期望过自己能够做出什么了不起的事来。这是实情，而且这是严重的事实，那就是我们只把自己钉在我们自我期望的范围以内。但是人体内确实具有比表现出来的更多的才气，更多的能力，更有效的机能。

有时自我暗示也是一种激发潜能的好方法，在感觉迷茫时不妨给自己一种奋发向上的勇气，激发自己的潜能，让自己从此不平凡。一个人若总是进行积极的自我暗示并开发自己的巨大潜能，就能获得超群的智慧和强大的精神力量，从而获得成功，自己对未来的美好定位也会实现。芬妮的故事就是最好的例证。

芬妮从小智力就很差，先是降级，被列入反应迟钝者之列，后来又被退学。她18岁就嫁了人，婚后生了两男一女，后来她的两个儿子被诊断为低能儿，这使她难以忍受。她决心要帮助孩子，首先自己给孩子做个好榜样，从求学做起！

她到两年制的得克萨斯南方学院去学习，同时还兼顾家务，每天两头忙。全家都赞同她新的追求，但又担心要不了多久，她就会离开学校重新做家庭主妇。

但事实并不像她家人想象的那样。到第一学年末，芬妮惊奇地意识到：自己的能力并不比别人差，自己完全有能力做得更好。于是，她除了继续在南方学院学习，又在泛美大学报了课程。三年后，她取得了初级学院学位，还以优异的成绩取得了泛美大学的理科学士学位。

孩子们发现他们的母亲与众不同，因为一般美籍墨西哥母亲都不上大学。孩子们非常敬佩母亲。在母亲的鼓励下，孩子们各方面的能力提高得很快，两个儿子的学习成绩一天天地提高，自信心也不断增强，后来他们转到了正常班级学习。

1971年，芬妮被授予文学硕士学位，又担任了豪斯登大学墨西哥美国文化研究所的理事。新的工作又促使她去攻读行政管理的博士学位，并在学习工作之余在大学任教，每周还给基督教女青年夜校上两次课。但她从未忘记自己的孩子们。

她总是挤出时间赶回家来关心孩子们的学习，到学校参加家长会，观看孩子们参加的所有体育比赛。在她的悉心关怀和引导下，三个孩子都取得了骄人的成绩。

——摘自《靠自己去成功全集》

这个真实的故事说明，要想获得成功，首先得相信自己，并用积极的暗示开发自己的潜能，不要因为自身的某些弱点就轻易放弃，只有这样，才能获得成功。

海伦·凯勒曾说过："当你感受到生活中有一股力量驱使你飞翔时，你是绝不应该爬行的！"张海迪也鼓舞人们："只要你抬起头来，新的生活就在前头！"

想要成功其实并不难，只要我们肯开发自己内在的潜能。在通往成功的路上，不论我们有什么样的困难或危机，只要我们认为自己能行，我们就一定能够处理和解决这些困难或危机。对自己的能力抱着肯定的想法就能发挥出我们的潜能，并且因而产生有效的行动。

第二章

不要害怕挫折，披荆斩棘方能拥抱成功

人的一生必然会遭受种种挫折和痛苦，聪明的人会选择勇敢面对并从中获取成功的启示。因为他们知道，挫折和痛苦并不可怕，可怕的是不敢正确地面对，而被它们打倒，一蹶不振。只有在挫折和痛苦中思考、摸索，总结出经验教训，并通过不懈努力去克服、战胜它们，才能最终获得成功。

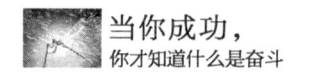

挫折，是命运的起点

每个人都想做一只搏击长空的雄鹰，但并不是每个愿望都能实现。只有勇者才能真正成为翱翔的雄鹰。爱默生曾说过："我们的力量来自我们的软弱，直到我们被戳、被刺，甚至被伤害到疼痛的程度时，才会唤醒包藏着神秘力量的愤怒。"伟人总是愿意被当成小人物看待，当他坐在占有优势的椅子中，昏昏睡去被摇醒、被折磨、被击败时，便有机会可以学习一些东西了；此时他必须运用自己的智慧，发挥他的刚毅精神，去了解事实真相，从他的无知中学习经验，治疗好他自负的毛病，调整自己并且学到真正的技巧。

反省一下自己，是否存在一遇到挫折就半途而废，最后造成失败的情况呢？在奋斗的过程中，不要给自己任何停下来的借口，因为成功之门，很可能会出现在你放弃前的最后一步。有个拳击手曾说："当对手受到猛烈重击并倒下时，对我而言是一种解脱，也是一种诱惑，因为每当这个时刻，我会在心里呐喊'我一定要挺住，绝不能倒下，只要再坚持一下，我就成功了！'"

然而，挫折并不保证你会得到完全绽开的利益花朵，它只提供利益的种子。你必须找出这颗种子，并且以明确的目标给它养分并栽培它，否则它不可能开花结果。

第二章
不要害怕挫折，披荆斩棘方能拥抱成功

有一个博学的人遇见智者，他生气地问："我是个博学的人，为什么没有成名的机会呢？"智者无奈地回答："你虽然博学，但样样都只尝试了一点儿，不够深入，用什么去成名呢？"

那个人听后便开始苦练钢琴，后来虽然弹得一手好琴却还是没有出名。他又去问智者："智者啊！我已经精通了钢琴，为什么还没有机会出名呢？"

智者摇摇头说："并不是不给你机会，而是你抓不住机会。你第一次去参加钢琴比赛缺乏信心，第二次缺乏勇气，又怎么能怪我呢？"

那人听完智者的话，又苦练数年，建立了自信心，并且鼓足了勇气去参加比赛。他弹得非常出色，却由于裁判的不公正而被别人占去了成名的机会。

那个人心灰意冷地对智者说："这一次我已经尽力了，看来上天注定，我不会出名了。"

智者微笑着对他说："其实你已经快成功了，只需最后一跃。"

那人听了之后，信心百倍地又去参加了一个国际比赛，结果一举夺冠，成为当时最为闪耀的音乐明星！

——摘自《成功的入场券》

没有人能随随便便成功，成功是需要一步一步稳扎稳打而来的。上面例子中的这个人就是靠自己一点一点地经历挫折，一点一点地获得成功的。所以，请不要随便说自己已经尽力了，因为只要尽力，只要经历过不断的挫折，就必然会收获到成功。

生命之路没有平坦大道，理解之路并非铺满玫瑰。如果生活在某些时候看起来很艰难，也许它正在孕育着珍珠。悲伤本身并没有任何价值和意义，问题取决于我们如何接受它。人们对痛苦与失败的自然反应是愤怒与反抗，但是，这样的行为只能把它们变成灾难。当然，我们还可以以另一种方式来面对它们，防止它们变成灾难。一旦它们降临到我们头上，我们不但要接受，还要找到最好的解决方式。

当你成功，你才知道什么是奋斗

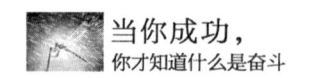

那些不知痛苦、失败以及绝望为何物的人根本就不会理解生命的意义所在。他们只看到了生命的表面现象，永远也不会了解对自己心里的信仰会如何赋予生命以意义和价值。

这个道理并不深奥，反而非常浅显。如果研究一下你最为敬仰的人的性格，你就会发现，他们都会勇敢地面对失败、困难与绝望，最终取得胜利。

做到这一点确实很难，但却并非不可能，我们完全可以做到。生命不仅仅意味着一帆风顺，它还意味着使僵硬的变灵活，使软弱的变坚强。是啊，当我们面对挫折时会怎样呢？答案是继续努力去实现自己的目标，当遇到困难时，勇敢地去战胜它。

在中国的一个小城里有一个普通公民，43岁时发现患了血癌。最初他每天闭门不出，时不时地大发雷霆，他的生活随着他的改变一落千丈。几个月后，他想通了，他不能再这样下去了。一天，他对妻子和两儿两女说："我要尽可能地活下去，我从今天起接受化疗。我希望你们帮助我，让我能有勇气面对这个不治之症。我们都不愿意死去，但也不要害怕死亡，我们仍可创造幸福美好的明天。"

从此，他振作起精神，一改之前的所作所为，每天坚持跑步、治疗，并且他还组织了一个特殊的集会，这是由一些癌症患者参加的聚会，他们常常在一起互相帮助摆脱心理上的阴影，愉快地去赢得新的生命。他们共同寻求解决问题的方法，尽可能争取多活些时间。他将这个机构定名为"让今天更有价值"。

——摘自《让今天更有价值》

是啊，每个人都有生存的意义，哪怕你只有一天的生命也不要轻言放弃。要勇于面对挫折，想方设法战胜挫折，展现我们的能力与智慧。

有一位饱受生活折磨的作家这样说："命运是一条河，左岸是幸运，右岸是挫折，我始终走在命运的左岸。"可实际上他经历的波折却比任何人都多：三岁丧父、十岁辍学、做过民工、遭遇过车祸……

在这个世界上，有这样一种人，在他们心灵的舞台上，痛苦和磨难已经被大风吹尽，而曾经的恩泽和爱，就像夜空中的星星一样在记忆中熠熠生辉。他们乐观昂扬，从不抱怨，即使只看到一线曙光，也怀着对光明的无限憧憬。艰苦的日子总有结束的时候。心中充满希望，并能持续为生活而努力的人，才能享有新生命。

每个人都不希望挫折降临，但在现实生活中，这无疑是天方夜谭。遇上倒霉的情况，你应该这么想：每个人都会遭遇挫折，但对成功者而言，挫折并不能置人于死地，反而是命运的起点！

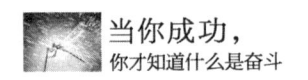

勇于接受困难的挑战

如果一个人遇到困难就去逃避，那么这个人的一生终将碌碌无为。困难并不可怕，可怕的是你对待困难的消极心态！如果一个人，从小到大都是一帆风顺的，没有任何困难的考验，那么对于这个人来说是最不幸的。并不是说，我们不愿意别人不经困难，不经挫折而成长。事实上，我们是为他平淡的经历感到叹息，试想如果一个人从小到大都没有历经这些，当有一天遭遇失败了，经历困难和挑战了，他还会如平时一样吗？

威廉·马修斯说："困难、艰险、考验，在我们走向幸福的人生旅途上碰到的这些障碍，实质上是好事。它们能使我们的肌肉更结实，使我们学会依赖自己。艰难险阻也不是什么坏事，它们能增强我们的力量。"诚如斯言，生活中的挑战会增强我们应对困难的能力，获得理想的经验值。

古代有个大将军，在30多岁的时候有了一个小儿子。小儿子从小生得聪明伶俐，而且善读兵书，对于战场上的谋略非常熟悉，所以深得长辈们的喜爱。将军的同僚们每次提起他的儿子，也纷纷赞不绝口，觉得他长大之后一定能成为一位杰出的帅才。

不知不觉中，小儿子慢慢地长大了。18岁的那年，他向父亲自告奋勇，想要成为一名将军。

父亲看了看他，问道："那么，你想当个怎样的将军呢？你想带领多少人的军队呢？"

小儿子骄傲地昂起头回答："我觉得以自己的才干，至少可以掌管一万人的军队！"

"好吧，"父亲说，"我答应你，让你掌管一万人的军队，从今天起，你就是万人之上的将军了。"

小儿子兴高采烈地接过帅印，大家纷纷来祝贺他。虽然他从来没有过上阵打仗的经验，可由于父亲在军队里的影响，以及他从小聪明伶俐的名声，大家都认为他会是个合格的将军。

可年轻的将军上任没多久，表现却非常令人失望。第一战，他带领着一千人的军队上阵迎敌，却不慎中了敌人的计谋，被打得溃不成军；第二战，他带领着三千人的军队去狙击对方的军队，却在与敌方将军的对阵中败下阵来。第三战，他带领着五千人的军队去包围敌人的头目，却没想到反而中了敌人的包围，幸亏逃得快，才避免了成为对方的俘虏。

年轻的将军逃回阵中，感到非常丢脸。他没有想到，从小熟读兵书的自己满以为能在战场上游刃有余，却因为缺乏实战经验，一次次地被击溃。这让他对自己失去了信心，他开始怀疑自己是否不适合带兵打仗。

就在这时，父亲派人来请他去商谈军情。他急急忙忙地赶到父亲的官邸，看见父亲正站在门前高高的台阶上等待着自己。他赶紧走上前去，三步并作两步地跨上台阶，却没料到台阶太高，一个趔趄，摔倒在地。

父亲站在上方，微笑地看着他："别急，慢慢来，如果台阶太高，就一步一步地走上来。"

年轻人爬起身，听见父亲的话语，仿佛明白了些什么。

回到自己的营地之后，年轻的将军想了很久，最后卸下了自己的帅印，去向父亲申请做一名普通的士兵。父亲什么都没有问就答应了他。从那以后，年轻人在军队里从最低阶的士兵做起，在长期的军营生活中，他明白了军队方方面面的具体情况，也懂得了实际战场与纸上谈兵的区别。几年之后，当他再次接过帅印，重新掌管这支军队时，已经成为了一名有

当你成功，你才知道什么是奋斗

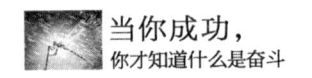

真材实料的将军。

——摘自《战胜挫折》

挫折的挑战总是在我们能够预料的情况下出现。俗话说：没有一条通向光荣的道路是铺满鲜花的。如果一心只想避免它，我们便会在它突然到来时措手不及。既然挑战总会出现在我们眼前，我们何不做好积极面对的心理准备，接受它，并把它当作人生不可多得的宝贵财富呢？

一个障碍，就是一个新的已知条件，只要愿意，任何一个障碍，都会成为一个超越自我的契机。锲而不舍地挑战，我们便会克服重重障碍，在无数教训与经验中获得满足，并最终达到人生的目标。那些整天想着怎么样回避挑战的人，也许有一天清醒过来，会发现挑战原来并不可惧，反而能从它的价值中找到可爱之处。

有一天，一头野驴面对着要把它屠杀了的人类很惊慌，在经过一段周旋后，野驴跑了出来，它找到了天神，对天神说："我很感谢您赐给我自由的生活。可是我还有一些问题。"

天神听了，微笑地说："您把您的问题说给我听吧！也许我能为您解决这些问题。"

驴轻轻叫了一声，说："天神啊！您知道吗？我从出生以后，一直都是生活得很美好的，可是一旦被人类逮着，那些人类就要把我杀了，这是为什么啊？这次要不是我拼命地跑，我想我也没有机会再见到您了，天神，我想请您再赐给我一种力量，让我不再被这些人类所杀害，当他们要抓我的时候让我能像老虎、狮子一样把他们吓跑。"

天神笑道："您去找狮子吧！我想它会给您一个满意的答复的。"

野驴兴冲冲地跑到森林里找到了狮子，它还没到狮子的跟前，就听到狮子在那里大叫："天神啊！这是为什么啊？我很感谢您赐给我如此雄壮威武的体格、如此强大无比的力气，让我有足够的能力统治这整座森林。可是，尽管我的能力如此强大，但是每天鸡鸣的时候，我总是会被鸡鸣声给吓醒。神啊！祈求您，再赐给我一种力量，让我不再被鸡鸣声吓醒吧！"

第二章
不要害怕挫折，披荆斩棘方能拥抱成功

听到狮子的话，驴又跑到了天神那里对天神说："天神，狮子还是不能解决我的问题，您帮帮我吧！"

天神又对野驴说："那您去找大象吧！我想它应该能帮助您。"

野驴找到了大象，却看到大象正气呼呼地直跺脚。

于是问大象："您干吗发这么大的脾气？"

大象拼命摇晃着大耳朵，吼着："有只讨厌的小蚊子，总想钻进我的耳朵里，害得我都快痒死了。"

听到这个话，野驴好像明白了什么，它没说什么，就转身回去了。在路上，它心里暗自想着："狮子，它是森林之王，可是它还是害怕一只小鸡的鸣叫，体型这么巨大的大象，还会怕那么瘦小的蚊子，那我还有什么可抱怨的呢？我至少在很长的一段时间内比他们生活得好。另外，我不被人类杀死，我也会很快老死的，看来我比狮子、大象它们幸运多了。"

——摘自《勇敢面对困难的挑战，从失败中站起来》

是啊！世上万物，没有什么会永远一帆风顺，在我们人生的道路上，无论我们走得多么顺利，但只要稍微遇上一些不顺心的事，就会习惯性地抱怨老天亏待我们，进而祈求老天赐给我们更多的力量，帮助我们渡过难关。但实际上，老天是最公平的，就像上面所说的故事一样，每个困境都有其存在的正面价值。

有时候，人所面临的最大挑战正是自己本身。如果你总是败在自己脚下，不肯正视自身的弱点并一点一滴地努力纠正，那么，在进一步的外部挑战中你就会千方百计地回避。长此以往，你无法面对逆境，任何不顺心的事都能让你一天的计划落空，并时刻打击你的自信。这种糟糕的局面会一直伴随着你，让你默默无闻，了此一生。

所以，相信自己的力量，迈出象征性的一步，乐于在挑战面前表现自己，即使失败了也要相信有从头再来的机会。还等什么呢，也许下一次的挑战便是你实力迸发的机会！

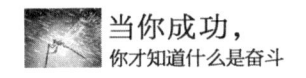

跌倒了没关系，记得再爬起来

成功者与失败者最大的区别就是：失败者总是把一次挫折当成彻底的失败，从此一蹶不振；而成功者总是在一次又一次的挫折面前，对自己说："我不是失败了，而是还没有成功。"老百姓有句顺口溜："天下雨，地上滑，哪儿跌倒哪儿爬。"跌倒了，没关系的，爬起来就是了。这不是在逃避失败，而是在向失败挑战。事实上，就有不少人是在做过很多事之后才找到适合他的行当。只要你能够成功，谁在乎你是从哪里爬起来的呢？

所以说，跌倒了，一定要再爬起来！为什么跌倒后必须爬起来呢？这是因为：首先，人性是看上不看下、扶正不扶歪的。你跌倒了，如果你本来就不"入流"，那别人会因为你的跌倒而更加轻视你；如果你已有所成就，那么你的跌倒将是许多心怀妒意的人眼中的"好戏"。所以，为了不让人看轻你，你得爬起来！

其次，一次"跌倒"，并不意味着永远失败，但你只有爬起来，才能够继续角逐人生；躺在地上，是绝不会有任何机会的。倘若因跌重了点儿而不想爬起，恐怕不会有多少人愿意来扶你，因为你连"爬起"的简单动作都不想做；若是你忍着痛苦而爬了起来，说不定会得到好心人的相助。

第二章
不要害怕挫折，披荆斩棘方能拥抱成功

所以，从这个意义上说，你得爬起来。

最后，人的意志可以改变一切，跌倒后忍痛爬起，这是在磨炼自己的意志。你一旦练就了这钢铁般的意志，还怕下次再跌倒吗？所以，为了自己的漫漫人生路，你得爬起来。

美国著名的电台广播员莎莉·拉菲尔在她30多年职业生涯中，曾经被辞退18次，可是她每次都调整心态，确立更远大的目标。最初由于美国大部分的无线电台认为女性不能打动观众，没有一家电台愿意雇佣她。她好不容易在纽约的一家电台谋求到一份差事，不久又被说思想陈旧而遭到了辞退。莎莉并没有因此而灰心丧气、精神萎靡。她总结了失败的教训之后，又向国家广播公司推销她的清谈节目构想。电台勉强答应录用，但提出要她在政治台主持节目。

"我对政治了解不深，恐怕很难成功。"她也一度犹豫，但坚定的信心促使她大胆地尝试了。她对广播已经轻车熟路，于是她利用自己的长处和平易近人的作风，抓住7月4日国庆节的机会，大谈自己对此的感受及对她自己有何种意义，还邀请观众打电话来畅谈他们的感受。听众立刻对这个节目产生了兴趣，她也因此而一举成名。后来莎莉·拉菲尔成为自办电视节目的主持人，并曾两度获得重要的主持人奖项。她说："我被人辞退过18次，本来可能被这些厄运吓退，做不成我想做的事情，但结果相反，我让它们把我变得越来越坚强，鞭策我勇往直前。"

——摘自《失败了再爬起来》

如果一个人把眼光拘泥于挫折的痛感之上，他就很难再有心思想自己下一步如何努力，最后如何成功。一个拳击运动员说："当你的左眼被打伤时，右眼就得睁得更大，这样才能够看清敌人，也才能够有机会还手。如果右眼同时闭上，那么不但右眼也要挨拳，恐怕命都难保！"拳击就是这样，即使面对对手无比强劲的攻击，你还是得睁大眼睛面对受伤的感觉，如果不是这样的话一定会失败得更惨。其实人生又何尝不是

当你成功，你才知道什么是奋斗

如此呢？

大哲学家尼采说过："受苦的人，没有悲观的权利。"既然已经在承受巨大的痛苦了，那就更要想开些，悲伤和哭泣只能加重伤痛，所以不但不能悲观，反而要比别人更积极。红军二万五千里长征过雪山的时候，凡是在途中说"我撑不下去了，让我躺下来喘口气"的人，很快就会死亡，因为当他不再走、不再动时，体温就会迅速降低，跟着很快就会被冻死。在人生的战场上又何尝不是如此，如果失去了跌倒以后再爬起来、在困难面前咬紧牙关的勇气，就只能遭受彻底的失败。

很多人这样对自己说：我已经尝试过了，不幸的是我失败了。其实他们并没有搞清楚失败的真正涵义。著名的文学家海明威的代表作《老人与海》中有这么一句话："英雄可以被毁灭，但是不能被击败。"跌倒了，爬起来，你就不会失败，坚持下去，你才会成功。

1915年，芬妮·赫斯特来到纽约，她根据自己的观感，写出了描绘生活现实的小说。她白天辛勤工作，晚间则不断编织希望。当希望黯淡时，她鼓励自己："很好，百老汇，你也许可以打倒某些人，但绝对不是我。我决心要迫使你向我投降！"

《周六晚邮》前后共退了她36次稿，但她不屈不挠，坚持向它投稿。终于，她的小说刊载了。我们很多人在第一次接到退稿时，可能就要放弃写作，但她在自己的人行道上来回漫步了4年，未曾有这种想法，因为她决心要赢得这场人生战斗。

赫斯特终于成功了。从那以后，出版商争先恐后地拜访她，金钱如潮水般涌入她的腰包。接着，制片家又发现了她，使得她的收入更多了……

——摘自《赚钱一定有方法》

跌倒并不可怕，只要你能重新站起来。就算站起后又倒下了，至少也是个勇者，而决不会被人当成弱者。芬妮·赫斯特的奋斗经历正好诠释了这一点。

所以，我们千万不要因为命运的不公而俯首听命于它，任凭它的摆布。等我们年老的时候，回首往事，就会发觉，命运只有一半在上帝的手里，而另一半则由我们自己掌握，我们一生的全部意义就在于：运用我们手里所拥有的去获取上帝所掌握的。我们的努力越超常，手里掌握的那一半就越庞大，所获得的东西就越丰硕。

在这世上，任何人都不可能始终一帆风顺，总有摔跤或跌倒之时，这对我们而言就是打击。但不管我们是因什么而"跌倒"的，也不管我们跌得如何，请这样告诉自己：跌倒了没关系，记得一定要再爬起来！

坚持过去，人生总是晴天

有这样一句话："冬天来了，春天还会远吗？"那么，黑暗来了，黎明还会远吗？在我们遭受挫折、陷入逆境的黑暗时，别忘了还有一个基本原则，就是黑暗过后，必是黎明。

道理显而易见，因为放弃必然导致彻底的失败，而且不只是手头的问题没有解决，它所产生的失败心理，将影响你今后做事的态度，让你陷入一种习惯性放弃的恶性循环中，甚至一蹶不振。

很多本来有目标、有理想的人，他们辛勤工作着，努力奋斗着，用心思考着，他们祈祷早日获得成功……可是由于困难太多，眼前似乎总是不断出现着难以逾越的鸿沟，这使得他们愈来愈倦怠、泄气，终于半途而废。其实，再难的鸿沟、再窘的困境，只要我们咬紧牙关，选择坚持，相信黑暗终会过去，黎明一定会到来。

有这样一则寓言：

两只青蛙在觅食中不小心掉进了路边一个牛奶罐里，牛奶罐里残余的牛奶让它们体验到什么叫灭顶之灾。

一只青蛙想："完了，完了，全完了，这么高的一只牛奶罐，我是永远也出不去了。"于是，它很快就沉了下去。

另一只青蛙在看见同伴沉没于牛奶中时，自己却没有沮丧和放弃，而

第二章
不要害怕挫折，披荆斩棘方能拥抱成功

是不断告诫自己：上帝给了我坚强的意志和发达的肌肉，我一定能够跳出去。于是，它鼓起勇气，鼓足力量，不停地在牛奶中游动，并一次又一次奋起、跳跃……生命的力量和美好展现在它每一次的搏击与奋斗里。

不知过了多久，这只青蛙突然发现脚下的牛奶变得黏稠了，原来，它不停的游动和反复的跳跃已经使液状的牛奶渐渐快变成奶酪了。这个发现让青蛙兴奋不已，虽然此时它已经精疲力竭了，但它还是鼓起最后残存的力气，坚持不懈地继续游动、跳跃……

牛奶最后完全变成了一块奶酪，第二只青蛙用自己坚持不懈的奋斗和挣扎终于换来了自由的那一刻。它踩着坚实的奶酪从牛奶罐里跳了出来，重新回到绿色的池塘里。而另一只青蛙则永远留在了那块奶酪里。

——摘自《101个影响世人思想的经典寓言》

可见，不懂得在逆境中坚持，正是很多人失败的根源。虽然成功需要天赋与智慧，但如果不能坚持到底，你所拥有的才能又能发挥多大的作用呢？

西方谚语曾说："成功者都是咬紧牙关让死神都害怕的人。"所以，我们要像所有的成功者那样，咬紧牙关，别松口，别泄气。如果死神都害怕我们咬紧牙关，那么，失败和挫折也就统统不算什么了。

来看看桑德斯上校创建"肯德基"连锁店的故事吧，相信这会给你以很大的启发和触动。

桑德斯上校退役的时候身无分文，且孑然一身，此时他已经65岁高龄了。当他拿到第一张金额为105美元的救济金支票时，内心实在是沮丧到了极点。不过他没有怨天尤人，也没有自怨自艾，而是试图用自己现有的资源，找出解决的方法。他的资源，其实就是一份家传的炸鸡秘方。

他开始挨家挨户地敲门，把自己的想法告诉每家餐馆："我有一份上好的炸鸡秘方，如果你能采用，相信生意一定能够提升，而我希望从增加的营业额里抽成。"

在整整两年的时间里，桑德斯上校驾驶着自己那辆又旧又破的老爷

当你成功，你才知道什么是奋斗

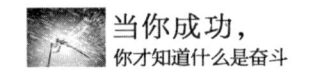

车，足迹几乎遍及美国每一个角落。当他的想法最终被接纳时，你可知道他已经被拒绝了多少次吗？整整1009次！在他第1010次向别人提出建议时，才听到了一声"同意"。

历经1009次的拒绝，整整两年的时间，有多少人还能够锲而不舍地继续坚持下去呢？恐怕真是少之又少了。然而，桑德斯上校办到了，所以他成了"肯德基之父"。

——摘自《桑德斯上校的故事》

看了桑德斯上校的故事，我们应该明白：挫折不可怕，失败不可怕。那么，真正可怕的是什么？是挫折、失败来临时，我们没有选择坚持。

许多人曾说过这样的话："我已经尝试了不下上千次，可就是不见成效，看来我是和成功无缘了！"这句话的真实度其实很值得怀疑，别说尝试上千次，就是上百次、数十次，恐怕都未必有吧？更何况，就算你为此已经做出了八九次乃至十多次的努力，难道就可以因为不见成效而放弃吗？那样就永远不会取得成功，真正放弃成功机缘的，就是你自己。

怎样才能找到一种好的办法克服困难呢？事实上，解决问题的特效方法是不存在的，唯一行之有效的途径就是坚持，就是培养不放弃、打不败的心态。一旦你准备停止努力，接受失败，那么你已经取得的一切成果就会因此而白白浪费掉。在下一个问题来临的时候，你只能重新来过，并依然会习惯性地选择放弃。

如果静下心来仔细思考一下，你就会发现，其实坚持下去并不是一件难以做到的事。比如，你现在使用的方法不能奏效，那就改用另一种方法来解决问题。任何问题总有一把解决的钥匙，只要不断地用心循着正道去寻找，你终将会找到这把钥匙。所以，无论遇到什么挫折，我们都别放弃，坚持过去，人生总会迎来晴天。

第二章
不要害怕挫折,披荆斩棘方能拥抱成功

踩着"垫脚石",踏上成功路

挫折是什么?挫折就是促使你走向成功的"垫脚石"。脚下的石头垫得越高,你就走得越远。一个走夜路的人不小心碰到一块石头上,重重地跌倒了。他爬起来,揉着疼痛的膝盖继续向前走。他走进了一个死胡同,前面是墙,左面是墙,右面也是墙。前面的墙刚好比他高一头,他费了很大力气也攀不上去。

忽然,他灵机一动,想起了刚才绊倒自己的那块石头,为什么不把它搬过来垫在脚底下呢?想到就做,他折了回去,费了很大力气,把那块石头搬了过来,放在墙下,踩着那块石头,他轻松地爬到了墙上,轻轻一跳,他就越过了那堵墙。

一个人如果懒于行动,容易退缩,并且在挫折中日益消沉,那迎接他的就不是成功,而是失败了。因为他把失败当作终点,并在这儿止步不前,最终必将一事无成。

汤姆·莫纳根是达美乐餐馆连锁店的老总。他开始经商时也并非一帆风顺,而是失败连连的。

1960年,当生意变得越来越糟糕时,他和哥哥的合作结束了。汤姆承认,"那是一个挫折"。同年,汤姆和新合伙人开了几家比萨饼店,但所有的店在汤姆名下,新合伙人隐名。不幸的是,新店破产了,汤姆为对方背了

当你成功，你才知道什么是奋斗

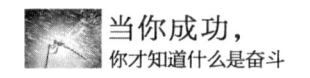

一身的债务。在连续失败的打击下，汤姆并没有倒下，他决定从头开始。

次年，他偿清了债务，还赚了5万美元。好景不长，一场大火又烧毁了他的店。达美乐几近破产，但汤姆还是没有放弃。他尽量削减开支，想尽一切办法来弥补火灾造成的损失。

就这样，汤姆又一次开店卖比萨饼了。然而，汤姆的店扩张太快，管理太混乱，资金投放错误，在随后的日子里，汤姆出现了资金短缺，整个达美乐陷入了财政危机。

在接下来的几年里，汤姆吸取教训，缓慢恢复生意，一笔笔偿还债务。在激烈的竞争中，他努力经营着达美乐，汤姆不仅使达美乐生存下来，还可以在半小时内将一个滚烫的比萨饼送至顾客家中，这使达美乐餐馆享有无可比拟的声誉。

苦心人，天不负，公司终于获得了丰厚利润，他本人也因此而成为美国最富有的企业家之一。

——摘自《商界"不倒翁"是怎样炼成的》

汤姆认为："我感觉，所有的挫折都是从中吸取教训的工具。我把它们当成垫脚石，而不是失败。所谓失败就是你停止了尝试，我从来没有停止过。"

挫折人人都可能会碰到，但更多人是被挫折绊倒，再也爬不起来。汤姆的经历告诉我们，要不断去尝试，即便失败了，也不要遗憾和气馁，因为这次的失败是你下次走向成功的"垫脚石"！

挫折人人都会遇到，很多人被绊脚石绊倒以后，就再也爬不起来了，更不会化不利为有利，把绊脚石变成垫脚石。所以他们才是碌碌无为之辈。

顶住压力,做生活中的强者

阻止你成功的障碍有很多,譬如:逆境、困难、挫折和不幸,这些都会使你面临着前进与后退、奋起与消沉的困惑,关键就在于你是否能控制这种情感,能否粉碎每一个成功障碍,成为生活中的强者。

生活中的强者,敢于把种种人生压力控制在一定的限度之内,不使压力淹没自己的理智,不让压力摧毁自己的信念,不让压力动摇人生的目标。法国大文豪罗曼·罗兰曾说:"人生是一场无尽无休而且无情的战斗,凡是要做个能够称得上强者的人,都在时时刻刻向无形的压力作战,那些与生俱来的致命的恶习、欲望,使你堕落、使你自行毁灭的念头,都是这一类的顽敌。"

如果说在生活的第一战场上,人们面对的是挫折、失败、困苦、不幸等有形的敌人,那么,在第二战场上,人们面对的就是自己心理上的敌人——压力:当压力要和人作对时,弱者与其说是被客观上的压力击倒了,倒不如说是被他内心的敌人征服了。而强者之所以成为强者,就在于他们是自己情感的主人,是战胜自我的勇士。

山姆·沃尔顿是美国沃尔玛公司的创办者,该公司如今已成为世界最大的零售商。沃尔顿第一次涉足零售业是他在阿肯色州新港经营了一家小型专卖店。那时,坚定的信心、勇敢的魄力和强烈的进取心,在他身上表

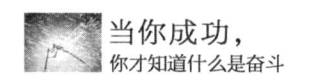

现得很明显。沃尔顿想把这个店经营成为本镇最好的店，这一点他的确做到了。

由于他经营得相当成功，引起了房东的嫉妒。于是，房东要挟要收回这个店，由他自己来经营。房东知道，沃尔顿在这个小镇无处可去，于是便对他施加压力，拒绝续签租约，而且表示要"买下专卖店"。

沃尔顿在那种情况下别无选择，只好放弃这个店，并搬出此地。沃尔顿回忆说："这是我事业生涯的最低谷……它的确像一场噩梦。我建成了整个地区最好的百货店，并在这里勤勤恳恳地工作。我没有做错一件事，而现在却被人踢出了这个地方。"

挫折和压力之下，沃尔顿并没有消沉。"这并不仅仅是因为有句老话说，'只要你足够努力，你就能在许多次挫折后成功一次。'实际上，我一直把挫折当作挑战，这一次也一样，我重新振作起来，并继续走下去，从头做起，而且只会比上次做得更好。"沃尔顿从挫折中看到积极的一面，视压力为挑战。他勤奋工作，总想干得更好。这种人生态度，再加之他对零售业的天才领悟力，使他最终获得了巨大的成功。

——摘自《改变自己，你可以的》

可遗憾的是，每当人们看到成功者的微笑时，总会忘记他们微笑背后的那份艰辛。天下没有免费的午餐，成功没有捷径可走。哪一座金字塔是用一块石头在一朝一夕砌成？

人生就是在失败与挣扎中求生存的综合体。人生几多风雨，但请相信风雨过后总有彩虹。古代寓言里曾告诫我们"塞翁失马，焉知非福"，因此，如何看待失败，如何攻克失败这道难关，就是衡量一个人最终是否能从渺小走向伟大，从失意走向成功的重要标志。那些在失败的压力面前仍然能昂首挺胸的人，才是值得拥有世界的人，也只有他们，得到了名望、财富、地位和智慧。

我们之所以会害怕失败，是因为我们或许从未想到过自己会走向成功。爱默生说："一心向着自己目标前进的人，整个世界都给他让路。"

第二章
不要害怕挫折，披荆斩棘方能拥抱成功

勇敢地向着自己要去的方向，不惧怕失败所带来的心理和生理、生活的压力，以积极的心态去对待，还有什么可怕的呢？有时候，失败的压力可是事业取得成功的重要因素呀！

一位泰国企业家玩腻了股票，转而炒房地产，他把自己全部的积蓄和从银行贷到的大笔资金投了进去，在曼谷市郊盖了15幢配有高尔夫球场的豪华别墅。但时运不济，他的别墅刚刚盖好，亚洲金融风暴开始肆虐了，他的别墅卖不出去，贷款还不起，这位企业家只能眼睁睁地看着别墅被银行没收，连自己住的房子也被拿去抵押，还欠了一屁股的债。

这位企业家的情绪一时被突如其来的巨大压力压得低落到了极点，他怎么也没想到对做生意一向轻车熟路的自己会陷入这种悲惨的境地。

他决定重新白手起家，他的太太是做三明治的能手，于是就建议丈夫去街上叫卖三明治，企业家经过一番思索后答应了。从此曼谷的街头就多了一个头戴小白帽、胸前挂着售货箱的小贩。

昔日亿万富翁沿街卖三明治的消息不胫而走，买三明治的人骤然增多，有的顾客出于好奇，有的出于同情。许多人吃了这位企业家的三明治后，被这种三明治的独特口味所吸引，于是经常光顾，回头客不断增多。现在这位泰国企业家的三明治生意越做越大，他慢慢地走出了人生的低谷。

他叫施利华，几年来，他以自己不屈的奋斗精神赢得了人们的尊重。在1998年泰国《民族报》评选的"泰国十大杰出企业家"中，他名列榜首。作为一个创造过非凡业绩的企业家，施利华曾经备受瞩目，在他事业的鼎盛期，他认为自己尊贵得像城堡中难得一见的皇帝。然而，当他失意时，习惯了发号施令的施利华亲自推车叫卖三明治，无疑需要超常的勇气。然而，他顶住了压力，做到了，因此，他成功了。

——摘自《对自己好一点》

失败是献给人生艰难而又重要的一课。无数次失败的尝试后，破茧而出的那一只勇敢的蝴蝶，双翼上洒满的是太阳璀璨的光芒，从此世界就属于它。在漫长的人生中，失败在所难免，它给人带来巨大的身心压力。但

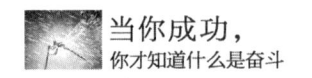

失败并不可怕，可怕的是败而自哀、谈败色变。

  在成功者的眼中，失败充其量是暂时的挫折，但它更是一次丰富阅历、总结经验的机会。只要你把握住自己，坚持不懈地耕耘，阳光总在风雨后——总有一天，理想的种子会长成参天大树。生活中的强者，在于能把压力控制在一定的限度之内，不使压力动摇人生目标，不让压力摧毁自己的信念。希望就像太阳，当我们向它行进时，压力的阴影便被抛到身后。

只要不放弃，就会有希望

有位年轻人得到了一把名贵的紫砂壶，他非常喜欢。连睡觉前都要把玩再三。一次，他把紫砂壶放在床头柜上，睡梦中失手把紫砂壶的壶盖打翻在地。惊醒后，年轻人心想，壶盖打碎了，留着茶壶还有什么用呢？于是，他一手抓起茶壶把它扔到了窗外。第二天起床时，他发现壶盖掉在棉拖鞋上，完好无损。他又悔又恼，一脚把壶盖踩得粉碎。早晨出门，他发现昨晚扔出窗外的茶壶，竟然有惊无险地挂在树枝上。由此看来，不放弃，就有希望，就能保住人生的"紫砂壶"，拯救起整个人生。

如果把紫砂壶比作一个人的人生，那么紫砂壶的壶盖就好比人生的某一个时段，而且是一个很小的时段。壶盖从床头掉在地上，就好比人在某一个时段受了一点儿挫折，但这一点儿挫折还不足以打碎人生的"壶盖"，更不足以打碎人生的"紫砂壶"。

然而，现实生活中，不少人一旦受点儿挫折，就自暴自弃，自毁前程，破罐子破摔，不仅抛弃了人生的"壶盖"，而且抛弃了人生的"紫砂壶"，把人生推向万劫不复的深渊。所以，无论情况多么糟糕，我们也不要自我放弃，自失信心，哪怕还心存一点儿侥幸，也决不放弃。不放弃，就有希望；不放弃，就一切皆有可能。

人生没有绝路，只有你不想走的路。不要惧怕绝望，因为，希望往往会伴随绝望而来。正可谓"山穷水尽疑无路,柳暗花明又一村。"只要人保持进取精神,任何的绝望中都充满着希望。我们生活的80%是由不如意和绝望组成的,而人的精神之所以不垮,就是因为在绝望中还保留着寻找希望的种子。学会在绝望中寻找希望,人生必将活出不同!

在孤儿院长大的林丽已婚三年,有着爱自己的老公,聪明可爱的宝宝,她生活得美满幸福。然而这一切美好在一天之内全部破碎了,她的丈夫在回家途中遭遇车祸,与儿子双双死亡。林丽绝望至极,生命中她最爱的两个人都去了,自己一个人留在这个世界上还有什么意义?

她只身来到海边,缓慢地走向海的深处,这时,她看到不远处停泊着一条小渔船,那船上的渔夫在不停地向她招手,示意她走过去。她犹豫片刻后走向小船,当她坐上船后,渔夫并没有问她为什么要投河自尽,而是问她今年有多大了?做什么工作的?林丽都置若罔闻。当问到她家里还有什么人时,她哇地一声哭起来。不知过了多久,她把自己的故事讲给老渔夫听,讲到最后,她说自己不想再活着,觉得人生再也没有任何意义。

这时,渔夫问她:"你现在是一个人吗?"林丽答道:"是一个人。"渔夫又问道:"三年前的你是一个人吗?"林丽答道:"是一个人。"渔夫说:"三年前的你是一个人,现在也是一个人,你又损失了什么、缺少了什么呢?生活对于你来说不都是如此吗!"听到这,林丽似乎有些顿悟,一个人默默地向家走去。

——摘自《解脱:希望往往就在绝望之后》

在我们的生命里,存在着许多的不如意,也有许多令你驻足的事与人,然而,不必把太多的时间花在悲伤与忧虑上,有了生命才有希望。其实,我们每个人所拥有的最大财富就是拥有了生命,生命是宇宙间最伟大的成就,也是宇宙间最伟大的奇迹。生命,它充满了活力,它是一个持续不断的过程,它让人经历苦难,同时也给人以欣慰、给人以能量,让人能够感觉到它的活力与热情。生活并不是只以一种姿态呈现在我们面前的,所以,要过好这一生,这是我们每个人的权利也是每个人的义务。

第二章
不要害怕挫折，披荆斩棘方能拥抱成功

有位大学教授由于经常发愁得了胃溃疡。一天，他的胃出血了，被送到医院救治，几个月后，教授的体重开始疯狂地下降，病得非常严重。医生认为教授的病无药可救。每天早上护士都会用一条橡皮管插进他的胃，把里面的东西洗出来，然后再让他食用半流质的东西。

教授意识到自己的病情在恶化，也维持不了多久的时间了。于是他对自己说："如果你除了等死之外，没有什么其他的指望的话，不如好好利用余下的生命。你不是一直想周游世界吗？如果还想如此的话，只有现在采取行动。"当他把自己的想法告诉医生时，医生大吃一惊并极力阻止他采取这样的行动，并警告他说："这是不可能的！"

然而，教授还是实行了他的计划，他怀着无比复杂的心情踏上了旅程。他先出发去美国的洛杉矶，再乘坐"亚当斯总统号"在海上航行。渐渐地，他不再吃药，也不再洗胃了。又过了不久，任何食物他都能吃一些，甚至包括许多当地的食品及一些调味品，而这些东西恰恰是医生警告他切勿食用的、可以让他送命的东西。他从这次旅行中得到了很大的乐趣，与船上的乘客交朋友、玩游戏、聊天，到一些国家后他真切地体会到不同的风土人情，他抛弃了那些无聊的忧虑，觉得异常地轻松。当漫长的旅行结束后，他发现自己的体重竟然增加了许多，几乎忘记了自己曾经得过严重的胃病。

——摘自《解脱：希望往往就在绝望之后》

卡耐基说："如果我们以生活为代价，忧虑过多的话，我们就是傻子。"昨天的负担加上明天的重担必将成为今天最大的障碍。在面对死亡时，人们有选择如何度过自己余下时光的权利，是忘记所有烦恼、使自己完全放松下来尽情享受这一点点的时间，还是一直担心忧虑下去，直至抵达死亡？

生活总爱捉弄人，当你不得不面对死亡时，当你别无选择、准备好迎战它时，你越悲观它越让你痛苦，然而你要是乐观，它也怕了你，就可能远离你。

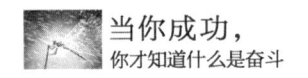

没有退路，反而绝处逢生

人们做事时，总想着要给自己留条后路，进可攻，退可守。这是一种比较谨慎的做法，但这种做法常常会导致一个人失去进取心，所以必要的时候，我们应该主动斩断自己的退路，破釜沉舟的人往往能够绝地逢生。

世界成功学鼻祖拿破仑·希尔在他全球畅销几千万册的《思考致富》一书中，曾经提出了这样一个成功学理念——"过桥抽板"。他所倡导的"过桥抽板"，是告诉我们在做一件不是能够轻易实现的事情时，最好把自己的退路切断，让自己无路可退。这样才能激发我们所有的潜力，调动所有的激情，义无反顾，勇往直前，坚持到底。

心理学家威廉·詹姆斯提出了关于帮助培养新的理想习惯的建议：不给自己退路。人都有这种心理，一次不行，再次来过。这是一种错误的想法，也是一种要不得的习惯。要有破釜沉舟的决心，才能发挥自己的潜力，取得最好的效果。在生活中，有好多人都好为自己留退路，结果只能碌碌无为。只有那些断了自己后路的人，一心想着干好本职工作的人，才能在一个企业里站稳脚跟。

南京有一个年轻人大学毕业后开始求职，但由于他所学的专业实在太"冷"，半年过去了，仍未找到工作。他的老家在一个偏僻的山区，为了供他上大学，家里已经拿出了全部的钱，所以即使再没有钱，他也不好

第二章
不要害怕挫折，披荆斩棘方能拥抱成功

意思再向家里伸手了。

2000年6月的一天，他终于弹尽粮绝了，在那个阳光和煦的午后，年轻人在大街上漫无目的地走着，路过一家大酒楼时，他停住了。他已经记不清有多久不曾吃过一顿有酒有菜的饱饭了。酒楼里那光亮整洁的餐桌，美味可口的佳肴，还有服务小姐温和礼貌的问候，令他无限向往。他的心中忽然升起一股不顾一切的勇气，于是便推开门走了进去，选一张靠窗的桌子坐下，然后从容地点菜。他简单地要了一份南烧茄子和一份扬州炒饭，想了想，又要了一瓶啤酒。吃过饭后，又将剩下的酒一饮而尽，他借酒壮胆，努力做出镇定的样子对服务员说："麻烦你请经理出来一下，我有事找他谈。"

经理很快出来了，是个四十多岁的中年人。年轻人开口便问："你们要雇人吗？我来打工行不行？"经理听后显然愣了："怎么想到这里来找工作呢？"他恳切地回答："我刚才吃得很饱，我希望每天都能吃饱。我已经没有一分钱了，如果你不雇我，我就没办法还你的饭钱了。如果你可以让我来这里打工，那你就有机会从我的工资中扣除今天的饭钱。"

酒楼经理忍不住笑了，向服务员要来他的点菜单看了看说："你不贪心，看来真的只是为了吃饱饭。这样吧，你先写个简历给我，看看可以给你安排个什么工作。"

此后这个年轻人开始了在这家酒店的打工生涯，历尽磨难，他从办公室文秘做到西餐部经理又做到酒店副总经理。再后来，他集资开起了自己的酒店。

——摘自《逆境生存策略》

俗话说："置之死地而后生。"遇到非常时期，人是要有点儿非常思维和非常勇气的。在最后的关头，唯有抱着破釜沉舟的决心，才能绝地逢生。故事中的年轻人敢到酒楼里吃"霸王餐"，并以一种奇特的方式向经理推荐自己，这都是因为他知道自己身无分文，已经没有退路了，因此才有了这种不顾一切的勇气。在生活中，我们可能永远都碰不上这样的情

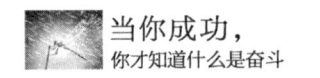

况，不过有时也要拿出勇气主动斩断后路，让自己更快地走向成功。

　　李先生从20世纪80年代中期起创办了一个内衣厂，正赶上发展的好时候，那几年着着实实赚了不少钱。等到世纪末时，他的内衣厂规模已经非常大了，但利润却逐年下降，几乎到了入不敷出的地步，原因是内衣市场的竞争越来越激烈，而内衣厂生产的内衣已经跟不上时代潮流了。经过几天的反复琢磨，李先生决定破釜沉舟，大干一场。他不顾妻儿的反对，取出了所有的存款，然后召开了全厂职工大会，会上他果断地宣布停止现有内衣样式的生产，请设计人员重新设计新型内衣，全厂职工都可以提出自己的想法，设计被采纳的人，可获重奖。他沉重地说："这是我们最后的机会了，我拿出自己的全部存款搞设计，如果失败了，那么我就是一个一无所有的穷光蛋，而你们也将失业。但如果成功了，我就会按功行赏，你们的生活也就有了保障。成败得失在此一举，大家一起努力吧！"

　　这件事使全厂上下都振奋起来，采购人员买来了市面上能找到的所有款式的内衣，设计人员不分昼夜地搞设计，广大职工纷纷提出自己的看法，从样式、布料，再到裁剪，给设计人员提供了不少灵感，有时一天竟拿出二十多套设计方案，一些职工还自发地跑上街头搞调研，看现在的女孩子究竟喜欢什么样的款式。而厂里的业务员更是拼尽全力拉客户。33天后，一批新款内衣设计完成，一些客户已经开始订货，厂里的工人又开始加班加点生产内衣……结果这些内衣一上市就受到了顾客好评：款式美观，质量好，价格适中。定货的客商像潮水一样涌来，李先生的内衣厂又复活了。

——摘自《逆境生存策略》

　　我们不得不佩服李先生的勇气和胆识，工厂陷入困境时，他本可以关闭工厂，遣散工人，这样做他还可以保住自己的存款，虽然失去了工厂，但一辈子还是可以衣食无忧。但他却不顾家人的反对，彻底断了自己的后路，跟员工一道为工厂的未来而努力奋斗，最终取得了辉煌的胜利。其实把自己推向绝路并不代表必死无疑，不给自己留下退路，就没有了多余的顾虑，必将勇敢前行，而人在面临危险、绝望之际，往往会爆发一股无穷大的威力，因此会取得出人意料的成功。

"不留退路"，是一种境界；面对困难与挫折，积极进取是必需的路径。任何妥协退缩都是误入歧途，将会把你引向失败的境地。给自己一片没有退路的悬崖，从某种意义上说，就是给自己一个向生命高地冲锋的机会。

当人感到没有丝毫的退路时，他的潜能会被激发到最大，那时他也是最不可被战胜的。所以，我们应该感谢将你逼近悬崖的人。"置之死地而后生，投之亡地而后存"，有时只有破釜沉舟，才能有柳暗花明的结果。

吃得苦中苦，方为人上人

曾听过这样一句老话："不吃苦中苦，难为人上人。"用现在的话说，想成功就必须得先学会吃苦。可如今的教育往往只把重点放在学习成绩上，其实这是"舍本逐末"，如果我们真的希望自己能够有所成就，应当让自己先学会吃苦。

战国时有一位生平多难、奋斗不息的杰出军事家，他一生坎坷，甚至连真实姓名都没留下，只因其曾遭陷害受过膑刑，故史书上称他为孙膑。

孙膑少年时便下定决心学习兵法，准备做出一番大事业。成年后，他出外游学，到深山里拜精通兵法和纵横捭阖之术的隐士鬼谷子为师，勤奋地学习兵法阵式。鬼谷子把《孙子兵法》教给孙膑，不到三天孙膑便能背诵如流，并且根据自己的理解阐述了许多精辟独到的见解。鬼谷子为他的奇异的军事才能而兴奋地说："这一下，大军事家孙武后继有人了！"

孙膑有个同学叫庞涓，对孙膑的才能十分忌妒，但表面上却装作和孙膑很要好，相约以后一旦有所成就，彼此互不相忘。后来，庞涓先行下山，在魏国做了将军。他派人邀孙膑下山共同辅佐魏王。孙膑到来之后，庞涓却用奸计致使孙膑残废，身陷大狱。

第二章
不要害怕挫折，披荆斩棘方能拥抱成功

孙膑经历过这种种磨难之后，更加明辨是非，他的意志也更加坚强，为人更加冷静，更加了解对手的心理。不久，借齐国使者来到魏国之机，孙膑逃出了魏国。在一次王公贵族的赛马活动中，大将田忌将足智多谋的孙膑推荐给齐威王。在齐威王面前，孙膑畅谈兵法，尽叙平生所学，受到齐威王的赏识，被任命为齐国军师。从此，孙膑开始在战国时风云齐聚的军事舞台上大显身手。

公元前354年，魏国派庞涓率大军围攻赵国都城邯郸，企图一举消灭赵国。孙膑与田忌商量，提出"围魏救赵"的作战方针，不但解了邯郸危急，并且在次年的桂陵之战中以逸待劳，大破魏军。此战，魏军几乎全军覆灭，庞涓仅率少数兵士仓皇逃脱。

桂陵之战后十三年，魏王又派庞涓率兵攻韩。齐王答应救援，派田忌为大将，孙膑为军师，攻魏救韩。孙膑冷静分析了敌我双方的具体情况，根据魏军悍勇轻敌和急于求成的心理，提出退兵减灶的作战方针，忍一忍魏军的狂妄之气，诱敌深入。而后齐军故意作出怯战的样子，减少锅灶表示齐军已大多逃亡，以此来麻痹敌人。魏军果然中计，穷追猛赶，齐军却一味退却，最后在山高路窄、树多林密的马陵设下埋伏。最终，齐军一举歼敌，大获全胜。这就是历史上被称为经典战役的马陵之战，而孙膑从此也名扬天下。

——摘自《做人做事有门道》

孙膑的确是位杰出的军事家，同时也是一个在苦难中收获成功秘诀的人。面对命运的不公，面对"朋友"的陷害，他仍能忍隐不发，潜心等待，冷静分析敌我处境。这不但是一份沉积在心中的惊人耐力，同时是一种冷静的审视力和观察力。

从孙膑的故事中，我们懂得了吃苦的过程、磨难的过程对于人的成长十分重要。虽然从表面上看那是孙膑无信无义的朋友带来的不尽的磨难，但是我们也应该看到，正是这些苦难最终成就了孙膑不断奋进的斗志和沉

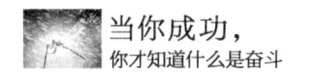

稳冷静的性格。

一个人的人生就像大海上行驶的一艘船，会经常遭遇风暴，想要成功地抵达目的地，就要经受住困难的挑战。同样的道理，想要获得成功的人生，也需要乐观地面对挑战，及时调整自己的方向。不要让失误给自己的心背上沉重的包袱，也不要让失败的阴影在心中长期滞留。因此，在面临困难时，要不断地寻找失败的经验，以便找到成功的方法，只有这样才能更好地处理问题，也只有这样才能创造出更多成功的机会。

没有永远的成功，也没有永远的失败。当一个人遭遇不幸时，只要积极面对，坚持不懈，就能走上成功的舞台，因为人生没有不可能。除此以外，在面对困难时，还需要用忍耐的心和坚强的意志力与之抗争。凡是成功的人，都会经历苦难。因为苦难是通往成功的桥梁，是奋斗需要的动力，只有认真对待才能走向成功。

傅抱石是著名的国画大师，不仅在艺术上取得了成功，而且在子女的教育方面也取得了很大的成就。他有一个儿子叫傅小石，从小聪颖过人，志向远大，深得大家喜爱，在中央美术学院学习时是高材生，然而校门未出，却横遭厄运。1957年，他被打成"右派"，蒙冤20多年。更不幸的是，偶然间的一次车祸，造成了他终身跛足。

傅小石有幸在1979年得到了平反，却又得了中风。面对厄运，傅抱石倾注全部的父爱，用书籍去培养教导傅小石，建议他阅读鲁迅、郭沫若、胡适的作品，激发他用顽强的生命力同命运抗争，并锻炼他用左手写字绘画。当傅小石的"左笔画"在首都和香港展出时，人们很难相信这一幅幅纵横不羁、俊丽飘逸的作品，竟出自于经历坎坷的傅小石之手。

面对命运的不公，傅小石坚强地面对一切，他用顽强的身躯赢得人们的尊重和敬佩，他的坚韧使遇到的逆境变成了顺境。傅小石说："愿意凭借自己的力量打开人生的前途，不做美梦求得权势的垂青。"也正是这种不屈服的精神，使他在艺术界成功地开拓了一片自己的天空。

——摘自《在平凡中起步的小故事》

在成功的道路上，没有天生的强者，只有经历风雨，才能见到彩虹。坚强的人会用自己坚韧的性格去面对它，督促自己站起来，成为无所畏惧的强者。成功的种子不是落在肥土而是落在瓦砾中，这是因为有生命力的种子绝不会悲观叹气，它们会以顽强的生命力茁壮成长。

漫漫人生路，在面对困境时，一定要让自己更坚强，让自己用足够的忍耐力去承受一切困难，坚强地走下去，在不远处将会收获美满的人生。

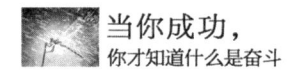

想成功，就必须战胜逆境

我们每个人都希望成功，而在寻找成功的道路上，却逃避不了陷入逆境，犹如古人云：欲渡黄河冰塞川，将登太行雪满山。要想取得成功，就必须战胜逆境。

人生谁能没有困难的时候呢，就像人只有经过摔跤才能学会走路一样。逆境可以毁灭一个人，也能造就一个人。有人害怕逆境，因此，不敢去追求成功，这是弱者。在弱者面前，逆境就是倾覆生活之舟的波涛，波涛越大，他就越容易被吞噬。每个向往成功的人都不希望自己是弱者。那么，作为一个强者，就不应该因为沮丧而停止追求，而是应该振作起来，向逆境挑战。

只有敢于战胜自己，敢于面对现实，不屈不挠，百折不回，坚定自己的意志，坚强地面对人生中的逆境，咬紧牙关，逆风而行，顶浪而上，才能够取得最后的成功。

6岁的伊扎克·帕尔曼因患小儿麻痹症，不能像正常人那样走路，给学习和生活都带来了非常大的困难。他的父母担心这样下去会毁了儿子一辈子的幸福，便决定随淘金大队到美国落基山下去淘金，留下小帕尔曼跟着邻居菲利浦夫妇生活。菲利浦夫妇都是很善良的人，他们没有孩子，便将伊扎克·帕尔曼当成自己的亲生儿子一样看待。

第二章
不要害怕挫折，披荆斩棘方能拥抱成功

小帕尔曼的父母临走时交给他一个小盆栽，小帕尔曼的父亲说，他已经在里面种了种子，明年春回大地时便会长出一株美丽的花来。到那时，他们便会带上淘金所得的钱回来，给小帕尔曼治病。

小帕尔曼每天都要去看一看那个小盆栽，尽管离春天还很远，但只要看上小盆栽一眼，他就能安心地学习和生活。冬天很快就要过去了，小帕尔曼在心里默默地祈祷：小盆栽啊，你就赶快长出叶子开出花来吧，到那时，爸爸妈妈便会回到我的身边给我治病了。这时候，菲利浦夫妇总是微笑着说："小帕尔曼，你得每天给小盆栽浇上一点水。"可是春天都快要过去大半，小盆栽还是不见一点动静。

一天，菲利浦夫妇从报纸上得到了一个不幸的消息，小帕尔曼的父母在淘金的时候遭遇了塌方，夫妻俩双双遇难。菲利浦夫妇紧紧地拥抱着痛哭了起来，多可怜的孩子啊，他们觉得从今后照顾好小帕尔曼的责任更加重大了。

春天就要结束的时候，小盆栽里还是没有长出任何东西来。菲利浦夫妇比小帕尔曼还要着急，会不会是因为那个小盆栽根本就没有种子，或者因为冬天的严寒，种子早就冻死了呢？突然，菲利浦先生想出了一个办法，他悄悄地在小盆栽里撒上了月季花的种子。

小帕尔曼依然每天去浇小盆栽，菲利浦夫妇也依然微笑着劝他要有耐心。突然有一天，小盆栽里真的长出了嫩嫩的芽，那居然是一株小月季。小帕尔曼高兴之余，又惊讶地自言自语："怎么会是这样呢，明明我种下的是百合，怎么长出来的是一株月季呢？"没过几天，盆栽里果然又长出了一株百合。菲利浦太太笑着说："这没什么，说不定再过几天，还会长出一株康乃馨呢。"原来菲利浦太太也暗暗在里面埋下了种子。令菲利浦夫妇想不到的是，小帕尔曼竟然早就从报纸上知道了自己父母遇难的消息，他为了不让他们跟着自己一起难过，便假装不知道，在小盆栽里偷偷种下了百合。没料到几天后，小帕尔曼的父母种下的金盏菊也长出来了。菲利浦夫妇没想到小帕尔曼竟然有如此惊人的意志力，之后他们就让他学小提

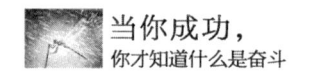

琴，最终使他走上了艺术之路。

小帕尔曼后来成为了当时世界上最引人注目的小提琴家之一。在他演出前印发的卡片上如此写道：伊扎克·帕尔曼(Lethal Perlman)生于以色列的特拉维夫，6岁开始学琴。

1958年，13岁的帕尔曼被选送到美国电视台演出，随即移居美国。虽然帕尔曼在4岁时患小儿麻痹症而终身残疾，但他却以超常的毅力克服了困难，最终成为世界级的小提琴大师。

——摘自《课外阅读》

丹麦作家安徒生曾说过："希望之桥就是从'信心'这个词开始的——而这是一条把我们引向无限博爱的桥。"正是由于帕尔曼对未来的生活充满了希望，他的小盆栽中才相继长出了月季、百合和金盏菊，也正是希望使他的人生像花儿一样从容地绽放。而在这个成长的过程中，坚强的意志让他有了更大的勇气去面对生活中的不幸。

马克思说过："世界上没有永远平坦的大路，只有不畏劳苦沿着陡峭山路攀登的人才会有希望达到光辉的顶点。"面对逆境，我们不应该愁眉不展，而是要学会正视它，并努力超越它。从逆境中重新站起来，我们才能品尝到成功的喜悦。

安德鲁·卡耐基出生在英国苏格兰山区，家中世代以伐木为生。有一次，小卡耐基跟随爸爸、爷爷一起去伐木，他发现一个奇特的现象：在整片已被砍伐干净的橡木林中，还残留着几株笔直的橡木，孤零零地立在空旷的土地上。在卡耐基的印象中，这几棵橡树应该是所存橡木当中长得最高大的。

为什么在大批砍伐时唯独这些最高大的橡木没被砍掉呢？卡耐基百思不解，向爷爷提出心中的疑问。爷爷说，就是因为它们是长得最好的，所以才把这些橡木留在那里，让它们在失去其他橡木群的呵护之后，独自承受风霜雪雨的考验，以形成更为坚韧的材质。最后，这些橡木能成为最好的木料，用来制作船的桅杆或者马车的轮子。

听了爷爷的解释，卡耐基领悟了，他也希望自己像风中的橡木一样，成为生活中的强者。

卡耐基12岁那年随家人移民到美国。他家居住的地方离水源很远，提一桶水要走很长一段路。父母每天早出晚归，忙于工作，没有时间去提水，卡耐基是家里的长子，只得靠他来提水了。

那时，卡耐基刚刚走进学校大门不久，对学习产生了浓厚的兴趣，他喜欢学校的环境，更喜欢读书，他从书本里学到了小时候在野外玩耍时学不到的知识。他小小的年纪已经懂得了知识的可贵，他希望每一天迎着第一缕朝阳就来到学校，和同学们一起拿着书本晨读。

可是，水源经常不足，这就需要另外寻找水源，往往要走更远的路才会找到一个饮用水源，而且多数又是枯井，水很少。取水人排起的长队就像一条长龙，有时甚至排队等候三四个小时还轮不到卡耐基！

排队提水常常耽误了卡耐基的上课时间。每当看到有很多人在前面排着长长的队伍等着提水，他站在队尾就急得直跺脚，恨不得一下子冲到长队的前面，抢一桶水回去，或干脆扔掉水桶，不管这事了。卡耐基意识到这样做不妥，学习固然重要，但没有水，一家人连饭都吃不上了，父母无法上班，弟弟也会挨饿，他自己也没法上学呀。想到这里，他无奈地叹了口气，没有别的办法，既然着急没有用，那就只有耐着性子慢慢地等待吧。

浪费时间总是让人心疼的，于是，卡耐基每天去提水的时候，总要背上一个小书包，书包里放上两本书，一旦遇到人多排队，他就拿出书来读，这样他把时间合理地利用起来，提水没有耽误，功课也没有落在其他同学后面。同时，也慢慢地磨炼了卡耐基的耐心和遇事沉着冷静的习惯。

后来，卡耐基父亲的生意破产了，卡耐基只得辍学打工，以减轻父母的负担。他从一名工人做起，3年之后转入了当时新兴的电报业，再后来转入铁路部门做职员，4年之后开始创业建铁轨。卡耐基一次又一次地战胜了困难，最终成为了美国钢铁大王、举世闻名的实业家。

——摘自《影响青少年一生成长的80个励志故事》

当你成功，
你才知道什么是奋斗

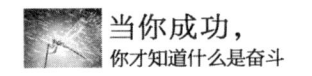

  人只有经过一番艰苦磨难之后，才能有所成长。人生是一本难以读懂的书，理想在远方召唤。我们必须奋发，必须上进，必须自信，必须认真，将这本书一页页读懂，然后一步步地走近理想。

  常言道："自古英雄多磨难，从来纨绔少伟男。"历史上成就大事的人，多是从磨难中崛起的。可以这么说，生活的磨难是上天赐给他们的人生财富，既成全了他们的品格，也成全了他们的事业。逆境能磨炼人的意志和毅力，能历练出担当重任之才。

第三章

不为失败找理由，成功者永远杜绝借口

在任何事情中，成功的人都是那些重视找方法并主动找方法的人。而遇到问题或困难总是找借口推脱的人，必定是失败者。所以，我们一定要牢记，千万不要再让问题或困难成为事业的绊脚石，而是要变问题为机会，要让它变为成功的加速器。

当你成功，
你才知道什么是奋斗

做一个永不妥协的成功者

"这对于我来说，太难了，我根本没有天分。""这对我来说，绝对不可能，我没有那么多钱。"诸如此类的话语，时不时地在我们耳边萦绕。好多人在面对艰巨的任务或难以实现的理想时，都喜欢为自己找借口。他们把自身的劣势或缺点作为借口，无非是要为自己的妥协和放弃开脱。

美国成功学专家格兰特纳告诉我们："如果你有自己系鞋带的能力，你就有上天摘星的机会！"不要为自己找借口，哪怕只有万分之一的机会，也绝不放弃。成功者总会借助信念的力量，找到最后的星光，并借这希望之光，走向人生的又一个巅峰。

阿伦佐·莫宁是世界上最伟大的篮球运动员之一，在他的篮球职业生涯中，他曾四次入选NBA全明星阵容，并代表美国国家队获得了悉尼奥运会篮球比赛的冠军。然而，2000年，莫宁被查出患有肾病，在他带病坚持比赛几周后，医生命令他离开了他一直以来热爱的赛场，并给他切除了一个肾脏。

莫宁完全可以说，我已经身患重病，应该结束自己的职业篮球生涯了。但是他并没有给自己找借口，而是继续前进。2004年，接受了换肾手术的莫宁重返球场，此时他已是34岁的老将了，但他以永不放弃的精神和精湛的球技征服了世界,并于2006年获得了他职业生涯的第一枚总冠军戒指。

现在,莫宁已经成为NBA篮球的一种精神象征。他的成功正是源于他的名言:"在我的职业生涯中,从不对困难屈服。"

——摘自《不要给自己任何借口》

为自己找借口,就是向困难屈服。在日常生活中,当我们遇到困难,如果先想到退缩,先对伟大的目标望而生畏,自我否定,那等待我们的只有失败。"不可能""我不行"这些最常用的借口,恰恰是人生的枷锁,它们禁锢我们的勇气、信心和智慧,左右我们的情绪,最终让可能的光荣永远与我们无缘。在生活中,永远没有绝对的不可能,只有相对的不可能,那就是我们给自己找到的各种各样的借口,借口让我们变成怯弱和懒惰的奴隶。

下面我们来看这个故事:

她是个不幸的孩子,19岁那年,正当步入人生花季和芭蕾舞台生涯巅峰之际,却意外地发觉自己双眼模糊,后被诊断为视网膜脱落。

通过家人的劝说,她接受了手术,可结果是她仍然无法恢复正常视力。医生建议卧床一年,叮嘱她不能练习抬腿绷脚尖,不能扭头,同时需要控制脸部表情,才能达到调养结果。

她心急如焚,跳芭蕾舞的人都知道:芭蕾一天不练自己知道,两天不练同行知晓,三天不练观众明白,她明白一年不练在芭蕾艺术世界里等待她的是一条死亡之路。

她苦苦哀求,丈夫只得辞去工作,陪伴在她身边。每天,她让丈夫的手指替代脚尖,在自己胳膊上表演古典芭蕾剧目。一天又一天,一月又一月,虽然不曾舞蹈,但她内心那份感觉却又真实地存在。

一年以后,她重新登上舞台,一下子就找到了久违的自己。她手持纱巾,翩翩起舞,尽情地出演了《吉赛尔》《天鹅湖》《胡桃夹子》《海盗》《卡门》等经典芭蕾舞剧。凭着精湛的舞技,她获得了鲜花和掌声,

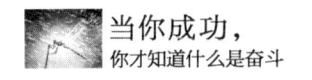

受到人们的好评。

表演事业蒸蒸日上，可视力却一天天衰弱。不久，她仅有一只眼睛有模糊视力，丈夫劝说她放弃芭蕾舞，可倔强的她又选择了双人舞，因为在双人舞舞段中，一般规则是由男演员来引导女演员。在舞台上，她的舞伴都是精确定位，如果是远距离接抛，他们之间的距离则会固定脚步数，舞台上的特殊彩灯，引导着她婀娜多姿的舞步，而台下的观众根本不会觉察到舞台上的她已几乎双目失明。

功夫不负有心人，她用自己的坚持和激情燃烧了半个世纪，她呕心沥血打造出的古巴国家芭蕾舞团成为了世界十大顶尖芭蕾舞团之一，她就是赫赫有名的阿隆索，2010年7月9日，这位著名古典芭蕾舞演员摘取了西班牙巴勃罗艺术大奖。

当媒体曝光她"双目失明"的事实时，她再度成了人们心目中的奇人，许多记者好奇地追问："为什么双目失明还能取得如此佳绩？"高雅庄重的她总会淡淡一笑："不给自己任何借口，将'借口'踩在脚下，翩翩起舞，也就一路走到了今天……"

——摘自《不给自己任何借口》

是的，不给自己任何借口！一个人如果能秉持这种信念，就能斩断后路，不断超越自己，收获属于自己的成功。从此刻起，让我们杜绝"我太笨了，我做不了这件事情"，"我生性腼腆，这个工作不适合我"这些借口，做一个勇于拼搏的人。其实，在面对困难或绝望的境地时，只要我们能平心静气地认真规划一下，拿出人生的勇气与智慧，就会发现，那些困难只是五彩的气泡，而我们为自己找的各种借口，只不过是藏在我们身体中的懒惰和怯弱耍出的小伎俩，它们逼迫我们在通向成功的道路上，停下脚步。

世界以其特有的广博和多样性，为我们提供了所有超出想象的可能性。正是我们人类，这种经过上百万年的进化，终于从那么多动物中脱颖而出的物种，能把这种可能性变为现实。确实，人类出现的本身就是一个奇迹，而这个奇迹作用在每个具体的人身上就是个体生命不断创造新的奇迹的历程。

  由此可见，人是可以创造奇迹的。所以，从现在开始，我们不要再为自己找借口，做一个永不妥协的成功者吧。记住，我们的前辈是历经百万年的进化，浴血奋斗，经历无数苦难而成为集天地之精华的人类！

学会用进取心代替借口

你想拥有一个圆满的人生吗？那就从现在开始，做一个有进取心的人，不埋怨、不抱怨，彻底和借口划清界限。如果我们把进取作为自己的生活准则，就可以做到无论顺境、逆境，都能不为自己找借口。进取心是一种发自内心的信仰，当倦怠和忧虑袭来的时候，听从自己的进取心，就可以打消那些让人放弃的借口，激发人的无限潜力，坚持走到成功的终点。

有进取心的人会主动去做应该做的事情，并把别人不要求他完成的任务一起完成。找借口的人不但只会被动地跟在别人的后面做事情，还会想尽办法把自己的事情推给别人去完成。所以成功只青睐有进取心的人。

有进取心的人，时刻都提醒自己多做事情，少发牢骚，这样就可以远离借口。如何才能让进取成为自己的生活习惯呢？首先，主动完成自己分内的工作，不要等待别人的命令。要尽快地完成自己的每一件工作，准备工作效率簿，把每天需要做的工作记录下来，再把已经完成的打上对钩。其次，不要计较报酬，不要只为了钱去工作，要思考工作的价值和意义，而非经济上的获益。最后，努力寻找帮助同事的机会，了解他的工作内容和思路，把他的问题当作自己的问题，尽自己最大的努力去解决这些问题。

当我们以培养进取心为目标，作了以上的规划后，我们也就不用编造任何借口来拖延、搪塞了。进取心虽然不能让人一天之内就获得成功，但只要积极努力地端正工作态度，机会总有一天会降临。

成功学大师拿破仑·希尔有一位女秘书，她的任务就是拆阅、分类拿破仑·希尔的信件，然后记录下他口述的内容，并把回复的内容邮寄给写信的人。她的薪水和同行业的人相同，只是最一般的书写员的收入。有一天，拿破仑·希尔在给别人的回信中说了一句至理名言："你唯一的限制就是你自己脑海里给自己设定的那个限制。"女秘书在记录这句话的同时，也铭记在了心里。从此之后，她每天都加班到很晚，并主动承担更多原本不需要她来完成的任务。

终于有一天，她把自己写好的回信拿到了拿破仑·希尔的办公桌上。希尔惊讶地发现，女秘书已经通过自己的钻研，掌握了他的说话风格，这些信写得和他口述的几乎一样，有的甚至比他口述的还要精彩。从此以后，女秘书一直保持了这个习惯。直到拿破仑·希尔的私人高级秘书辞职，他需要寻找下一位私人秘书时，便自然而然地想到了这位女秘书：她是工作最积极主动的人，也是最能胜任这份工作的人，因为她已经透彻地掌握了拿破仑·希尔的演讲风格，完全胜任这项工作。

这位女秘书通过自己的努力，在没有任何额外收入的情况下，坚持做拿破仑·希尔并不要求她做的事情，正是通过写一封封回信的训练，才使得她获得了更高的职位，也使自己的收入得到了大幅度提高。如果她像很多年轻女秘书一样，还差半个小时下班的时候就开始考虑晚上的约会该去哪里，那么恐怕她一辈子也得不到这份私人高级秘书的职位了。

——摘自《换位思考的魅力》

进取心的关键就是不要用收入衡量自己的付出。找借口的人总会说："我拿这么一点点钱，凭什么让我做那么多的事情。"如果这样想，那么这个

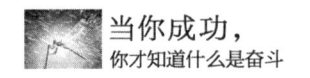

人就永远只能拿那么一点点钱，因为他只做了和这些金额相符的工作。有进取心的人会做更多额外的工作，这些工作都是难得的锻炼能力的机会，只有自己的能力提升了，可以完成更重要的事情了，才有资格去获得更高的收入。

不要认为自己多付出了体能和智力而没有得到更多的金钱回报，就是吃亏的事情，其实，这些付出换来的是更加珍贵的经验和能力，以及获得更好工作的机会。多接触一个新的领域，就会多了解一些新的情况，哪怕是"蜻蜓点水"式的了解，也比全不知情要好，这种点滴的积累，对以后处理更加复杂的事情，都将大有裨益。美国的《读者文摘》上就登载过这样一则发人深省的故事：

丹尼斯刚到杜兰特公司时只是一名普通员工，但是他从进入公司，到升职为副总裁只用了五年的时间。当员工们请他总结一下自己迅速升迁的经验时，他说："当我刚来公司时，我发现，每天下班后，大家都回家了，只有杜兰特先生还在办公室里，一直要工作到很晚。因此，我想我应该留下来，虽然从来没有人要求我留下来，但我想，或许杜兰特先生会有一些需要我帮助的事情。当他在晚上需要某个人把文件拿来，或者需要人手帮忙安排一件事情的时候，自然就找到了我。慢慢地，他养成了让我协助他完成工作的习惯，我就自然得到了更多锻炼的机会了。"

杜兰特先生为什么会养成与丹尼斯合作的习惯呢？并不是丹尼斯的业务水平如何出类拔萃，只是因为他留在了办公室里，而其他人并没有这样做。虽然丹尼斯暂时没有获得额外的收入，但他获得了比收入重要得多的东西：和老板一起工作的机会。这样的机会使丹尼斯的工作能力迅速提高，并很快得到了提拔，自然也就使收入有了显著的提高。

——摘自《每天多做一点点》

胸怀进取心，在平时任劳任怨，不怕辛苦，只有这样才能不断增加自己的实力，为自己创造更多的机会，也只有如此，才能在机会出现的时候，有实力抓住它。那些以运气差为借口的人，总认为自己得不到机会只是运气问题，但却忘记了"自助者天助"的道理，运气并不会偏向谁，机会是给有准备的人的。在日常生活中只懂得找借口的人，完全丧失了进取心，就算机会真的来临了，他们也没有足够的能力去抓住它。

因此在生活中我们应时刻告诉自己，做一个有进取心的人，不埋怨、不抱怨，就能彻底和借口划清界限，从而让自己更接近成功。

当你成功，
你才知道什么是奋斗

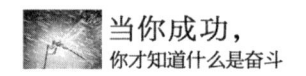

不找借口，学会为错误负责

　　判断一个人是否成熟，要看他能否对自己负责，看他能否承担责任。换句话说，一个人如果想成熟起来，就必须懂得承担责任，勇于承担责任。人生在世，错误在所难免，与其千方百计地去寻找借口，倒不如勇敢地承认错误。

　　这世上，只有愚蠢的人总喜欢费尽心思为自己的错误找借口，却忘了这样不但暴露了自己的无知，还错过了改正错误的机会。滥用借口让错误欲盖弥彰，丢弃借口是解决问题的最佳方法。坦诚地承认自己的错误，既能尽快弥补损失，还能从错误中找到解决问题的方法。

　　著名的成功学大师戴尔·卡耐基讲述过自己的经历：

　　有一天，他带着心爱的小狗去公园遛弯儿，在公园内遇到了巡逻的警察。警察很严厉地说："你怎么可以不给狗戴上口笼，也不系上皮带，就让它这样乱跑，你知道这是多么危险的行为吗！而且这是违法的。"

　　卡耐基用据理力争的方式阐述了自己的借口。他对警察说，这条小狗这么小，不会伤害到其他人。这个借口不但没有平息警察的怒火，反而让他更加激动，他甚至威胁卡耐基说，如果再看到这条狗不带口笼，就要把卡耐基告上法庭！

　　没过几天，卡耐基再次在公园中遇到了那个警察，这次小狗依旧没有带口笼。但卡耐基放弃辩解，坦诚地承认了自己的错误，他对警察说："警官，你已当场把我抓住了，我的确违反了法律，我没有话可说，也没有任何借口，你上周就警告过我，请处罚我吧。"

当卡耐基主动承认自己的错误时，那个警察竟然变得温和起来，他说："现在这里没有人，让小狗跑跑也是很惬意的事情。"

——摘自《勇于承认错误，有担当者成大事》

正是因为卡耐基坦白而真诚地承认了自己的错误，而不是荒谬地再为自己找各种借口，才使得问题得到了友善的解决。当我们的确犯了错误，却还是一味为自己找借口，那只能让对方怒不可遏，最终我们的错误依旧会受到惩罚，甚至是比应受的更严重的惩罚，还会引发争执和不愉快。与其这样，不如迅速且坦诚地承认错误，不找任何借口，以获得对方的谅解。

专注于寻找借口为既成的错误开脱，把所有的精力都浪费在于事无补的狡辩上，将错过处理问题的最佳时机，一旦错误蔓延开来，则有可能演变成无法收拾的局面。

1989年3月24日，埃克森公司的一艘巨型油轮在阿拉斯加海域触礁，船体破裂，大量的原油泄漏入海，造成大量鱼类死亡，躲在海滩上的海鸟、海豹无家可归。事发后，埃克森公司把全部的精力都放在了对付外界报道上，寻找了各种借口，以开脱公司的责任，却迟迟不在公司内部寻找问题的根源，更不肯及时派出专业人员处理漏油事件。埃克森公司的拖延错过了最佳的处理时机，使油轮漏油的危害日益加剧，污染区持续扩大。埃克森公司拖延狡赖的态度，最后引发了众怒，美国、加拿大地方政府，环保组织以及新闻界联合起来，发动了一场"反埃克森运动"，指责埃克森公司不负责任，企图用各种借口蒙混过关。

埃克森公司的不作为导致原油最后泄漏了4500多万升，成为美国历史上最大的一起原油泄漏事故。由于埃克森公司推诿的态度，最后导致仅清理海滩一项工作，他们就赔偿了几百万美元。加上其他的索赔、罚款，最

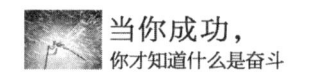

后埃克森公司付出了几亿美元的代价。更为严重的是,埃克森公司的形象受到了巨大损害,西欧和美国的一些老顾客纷纷开始抵制该公司的产品,埃克森公司成为破坏环境、不负责任的代名词,这一项损失更是无法用金钱来计算的。

滥用借口不但会招致他人的厌烦,更会错过纠正错误的时机,最终损失最惨重的还是自己。如果埃克森公司明智地承认自己的过错,并立刻解决问题,他们不但不会损失几亿美元,还能通过高效率处理问题的方式,弥补触礁事件留给人们的不良印象。面对同样的事件,埃克森公司在1971年的处理方法就几近完美:他们迅速采取了积极主动的态度,及时弥补了错误所带来的损失,同时,还借此建立了公司认真负责的良好形象。

1971年1月的一个午夜,埃克森公司的油船在旧金山湾中船体破裂,船上装有380多万升的原油。事发后不到一个小时,埃克森公司就派出了上百台不同型号的清油装备以及几百名工人,连夜处理事故。其处理规模足以对付泄油量比这一次再大20%的事故。更可贵的是,埃克森公司丝毫没有寻找为自己开脱的借口,而是安排媒体公关部门,坦诚地交代了事故的所有细节,并现场直播了事故处理的进程。公司的媒体公关部向外界传达的信息是:埃克森公司的油船发生了事故,所有的错误都在公司,但是我们正在全力以赴地处理问题,并一定可以在最短时间内处理妥当。

1971年,埃克森公司出色的处理,成为公关学上的经典案例,埃克森公司及时处理问题,将损失降到了最小,更为重要的是,他们诚恳的态度,彻底消除了事故所带来的负面影响,还以此为机会,让全世界见证了埃克森公司认真、负责的工作态度。

埃克森公司在1971年和1989年面对同样的错误,却得到了完全不同的结果。20世纪80年代的埃克森公司已经拥有了相对10多年前,更完善的技术、更高端的设备,但却因他们对待错误的态度迥然不同,而导致了完全不同的结果。埃克森公司的成功和失败都源自它面对错误的态度:20世纪70年代,他们不给自己的过错找任何借口,公司的每一个人都竭尽全力,不计较金钱的代价，采取一切补救措施，这让他们并没有损失过多的金钱，因为在此事件后，他们获得了全世界的信任，他们的订单实现了突飞猛进式的增长；20世纪80年代的失败正是因为他们用尽借口，最后不但赔偿了更多的金钱，还彻底损害了公司几十年来的良好形象。

——摘自《不管三七二十一：只看结果》

当发现自己的错误时，只有坦诚地面对问题，承认错误，才能将错误所造成的损失和不良影响降到最低。每个人的一生中都会经历大大小小的错误，犯错并不可怕，只要以诚恳的态度面对错误，而不是用各种借口试图掩盖错误，就能化拙为巧，赢得更多的时间和他人的理解，去更好地解决问题。

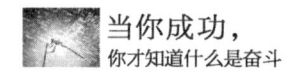

别让"借口"成为你的绊脚石

无论是谁，在人生中，无需任何借口。失败了也罢，做错了也罢，再妙的借口对于事情本身也没有丝毫的用处。许多人之所以没有办法取得成功，就是因为让借口淹没了自己。

在这个社会中，如果我们想让自己的事业有所成就，那么就别畏畏缩缩，想要发展好事业，就一定不要为自己找"借口"。在追求成功的路上，每个人都会遇到挫折。积极的人将挫折看做是成功的垫脚石，而消极的人将挫折看作成功的绊脚石，并让机会悄悄溜走。

傅小姐大学毕业后，就进入了一家大公司，在一个女老总身边做秘书。工作虽然繁杂琐碎，但她都能有条有理地做好一切，而且她是一个平易近人的人，和公司所有的同事都相处得很好。一次，和同事的偶然谈话中，她得知了老总身体不适的消息，果然，在接下来的日子，老总时常不去公司。对于老总的身体，傅小姐格外留心。一天，她去上班的路上发现了一则特效药广告，广告上介绍的那种药物对老总的身体会有很大的帮助，于是她赶紧将药买下。没想到这一耽搁，让她迟到了半小时。公司有个重要的会议，老总正急着找她要资料，对她的迟到很不客气地训斥了一番。当时，她非常委屈，本想作解释。但转念一想：不能迟到是公司的规定，自己有什么理由不去遵守制度。于是，她赶紧向老总道歉，稍后，就进入了正常的工作状态。

下班后，她悄悄地将药放到老总的办公桌上，正要离开时，老总开会回来了，她发现了桌上的药，一下子反应过来。当得知真实情况时，老总对自己早上的言行很内疚，问她："你怎么不早说呢？"傅小姐却真诚地回答说："您对我的批评是对的，不能迟到是公司的规定，每个员工都应该遵守。无论是什么理由，我都不能找任何借口。"经过这件事后，老总对她更是刮目相看。

过了一段时间，又发生了一件事。那天，老总请客户吃饭，叫她陪同并记录谈话要点。没想到结账时，老总发现自己竟然忘记带钱包，而她带的钱也不够。这下脸可丢大了。老总只好给一位部门经理打电话，部门经理赶来才免去了尴尬。

这件事情老总并没有责怪她，但是她却心存愧疚。她觉得作为秘书没有尽到应尽的责任，这是自己的失职。于是她连夜写了一封检讨书，第二天一早便交给了老总，同时主动提出罚自己200元。傅秘书的举动让老总备感意外，傅小姐接着说："这不是简单地向您道歉，而是从工作标准来要求自己。在这件事中，我有两个失误：第一，出门时，没有及时提醒您是否带了钱；第二，自己也应该预备一些钱，以免救急用。秘书的工作确实琐碎，如果缺乏责任心，一旦出问题就可能是大问题。这次失误虽然没有造成什么大的损失，但是如果我不严格要求自己，以后还有可能在工作中犯更大的错误，假如不惩罚自己，以后很难做好工作。"

傅秘书的精神让老总大为感动，为了成全她，老总收下了200元罚金，在工作中也更加信任她。

还有一次，公司与其他公司进行合作，公司的高层经过商榷，都觉得方案可行，老总也准备签字。在这关键时刻，她及时提醒老总，对方提供的合作条款中隐藏着很大的问题。老总立即高度重视，果然发现了问题。她的把关，帮公司避免了一次巨大的损失。

这回，她不仅受到了老总的器重，还得到同事们的一致认可。一年之

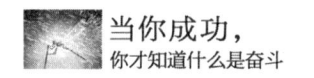

后，这位年轻的秘书，荣升为公司的总经理。

这位秘书用自己的热情认真地对待自己的工作，不仅做好自己的本职工作，还会关心其他的事情。在工作中，她尽心尽力地为领导办事，不求表扬，反而时常检讨自己。

——摘自《工作没有任何借口》

所以，想要有发展，就必须"没有任何借口"。五花八门的借口或许会让自己暂时脱离困难、危险和责罚，但是认识不到事情的重要性，反而可能会耽误自己。美国著名成功学者皮鲁克斯有一句名言："借口，误人、害人！"短短几个字，一时间将借口弃于地中，视如粪土。孰不知借口已是我们生活中不可缺少的，难道现在我们要离它而去？

生活中总有人这样对别人说："我没有做成这件事，是因为时机不够成熟"，"我本来想做好这件事的，可是别人比我出手早了"，等等。这些借口在我们身边反复出现，既可以让我们坐立不安，也可以让我们放松戒备。无论自己对别人说，还是别人对自己诉苦，一时间才愕然发现，这被借口充斥的生活，似乎是真该换一换了。

下面我们来看看阿春和阿军的故事，就会更明白有时候借口会耽误和改变人的一生。

阿春和阿军是少年时代的同乡，不久前的一天两人在街上偶遇，十几年未见面，大家都颇为感慨，于是亲切地聊起来。然而，在谈到未来打算时，阿军竟说自己已经"老"了，"现在只是为了孩子赚钱，还有十几年就要退休养老了，没有其他想法了"。阿春却兴奋地讲了一大串的计划和设想。

阿军才三十五六岁，怎么就等待退休养老呢？怪不得我们这个社会有那么多失败者，他们不努力去追求成功，却随意找借口，迎接和等待人生的失败。

阿军在少年时代是一个中等偏上智力水平的人，家境也不错，父亲是国家干部，母亲也有工作，在当年可是一个让人羡慕的家庭。他现在在某国营公司当职员，当过兵，老婆在机关工作，他们有一个男孩在读小学。

在当今中国，他是一个拥有三口之家的典型男子。按说他现在最具有条件去设立某个目标，努力攀登。遗憾的是，他竟然放弃了一切追求。年龄的借口显露了他消极的心态。

——摘自《努力在本行成为专家》

成功本来就不是一件简单的事，要想成为成功的人，就必须拥有耐心。只有积聚一定的力量，才能发挥出真正的潜力。而借口，是为了让自己脱离失败，得到心灵上的满足。在这种情况下，又如何能冲破一切困难呢？

我们常说："态度决定一切。"一个人做事的态度是决定他能否做好事情的关键。保持一颗积极的心，尽量发掘你周遭人或事物最好的一面，从中寻求正面的看法，让自己拥有向前走的力量。即使最终还是失败了，也能吸取教训，把这次的失败视为朝目标前进的垫脚石，而不要让借口成为你成功路上的绊脚石。

"没关系"可以根治借口

当别人无意中伤害到你时，就会说声"对不起"，你很爽快地答"没关系"，那当困难无意中伤害到你时，你也应当爽快地说声"没关系"。当你得知办法行不通时，换一种思路，换一种办法，这样丝毫不会影响到你前进的步伐。

从小到大，我们总是被教导不要认输，不要轻易放弃，这也是成功的不二法则。但不认输的精神必须要讲究策略和理性，如果不结合现实情况，最后只能把自己折腾得筋疲力尽，生活也将被痛苦的情绪笼罩，在绝望的阴霾下，我们只能对自己认输。"没关系"是生活中的协奏曲，它能缓解极度紧张的状态，及时地扼制那些抑郁、绝望的情绪，让每一天的生活都有新的希望，也为崭新的开始开辟道路。

如果我们发现无论如何努力，在往前边走的路上总是举步维艰，那么，就应该立刻停下脚步，辨清方向，然后决定自己该如何选择后面的道路。不认输的精神核心除了不放弃，坚持到底，还有就是运用自己的智慧，找到最适合自己的道路。不懂得说"没关系"的人，最后只能在极度绝望的情绪中放弃自己的目标。他们如果能够及时对自己说"没关系"，就不会以绝望为借口，给自己带来巨大的伤害：为了一个不现实的目标，耗费几年的光阴，而且，因为总是难以看到胜利的希望，还会让自己终日郁郁寡欢，把生活彻底变成了滋生压抑、烦恼的场所。

2008年的高考现场就出现了这样一位学生，他立志要报考北京大学，但第一年考试差了几十分，他不甘心就复读了一年。第二年离北大的录取分数线差得更多，另外一所重点大学已经把他录取了，但他依然不肯放弃自己的"北大梦想"。到了2008年，他已经是第四次参加高考了。第二天考数学科目的时候，他因突发性休克，被抬出了考场。可想而知，他的"北大梦想"又一次落空了。在一个目标上花费了四年的时间，如果他懂得对自己说"没关系，高考考不上北大，我要立志考取北大研究生"，那么这四年的时间与其花在复读上，不如先在一所重点大学里努力学习，再考取北大的研究生。

——摘自《最后的战役》

如果一个人不考虑四季的变化，一定要挑战人类的极限，在零度以下的环境中也坚持穿盛夏的衣服，我们都会认为他非常疯狂，他的执著就不再是为了理想而奋斗，而变成了疯狂的举动。不懂得变通目标的人，正和这些疯狂的人非常类似，由于他们不会根据自己的身体条件、外在的环境变化更改目标，受到伤害的只能是自己和家人，最后只能因为筋疲力尽而放弃。这样的经历也会变成一个巨大的阴影，时刻笼罩在以后的生活中，并使他们对自我产生怀疑，给以后的生活带来非常大的负面影响。每当他们要重新设订目标的时候，自我否定的态度便会在心底说"你就是天生注定什么都干不成"。这个借口的产生并不是因为自己的懒惰和倦怠，而是当初忘记对自己说："没关系。"

19世纪中叶，美国掀起了淘金热潮，很多人都怀抱着发财的梦想，抛家舍业穿过密西西比河，赶到西部的峡谷山峦中，寻找宝矿。霍斯就是其中的一员，他放弃了农场的工作和非常稳定的生活，加入淘金者的队伍，日夜兼程，与大家一起赶赴一个传说中蕴藏着金矿的峡谷。这一天月黑风高，霍斯在爬山的过程中，不慎跌倒，昏厥了过去。当他醒来的时候，发现自己已经身处一家农舍，原来他被农舍的主人发现，救了回来。霍斯还

当你成功，你才知道什么是奋斗

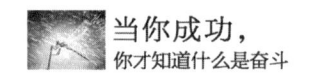

想带着伤痛继续前进，老人却奉劝他："孩子，你现在身体虚弱，如果只身前进，那就很危险了，弄不好还要危及性命呢。"霍斯仔细审视了自己的身体情况后，接受了老人的劝告。

可是霍斯并没有放弃发财的梦想，他发现自己跌倒的地方正好是一片淤泥堆积的沃土，他想到自己以前在农场工作的经验，认为这片土地上肯定能长出最茂盛的农作物。他放弃了自己淘金的梦想，而是住在老人家里，拿起了锄头，开始开垦沃土。

淘金风潮过去后，那些赶赴到山川大河中去寻找金矿的人，大多空手而归，除了一身的疲惫，他们一无所获。霍斯因为一次意外，而改变了自己的目标，却已经把那片肥沃的土地变成了万顷良田。他也由此而找到了真正的"金矿"，实现了自己的发财梦想。

——摘自《苏东坡创业记：寻找财务第二落点》

跌倒后爬起来，告诉自己"没关系，我应该认真看一下脚下的路"。如果我们不懂得给自己安慰，就会陷入自我责备的泥潭中，无法自拔。但是，无论我们如何懊恼和悔恨，如果不及时发现问题，调整前进的方向，同样的问题还会出现。不顾及环境的变化，不考虑是否有其他更好的途径，不撞南墙不回头的人，只会把一个好的目标变成一个疯狂的执念和妄想，最终只能以"我虽然没有成功，但也尽力了"作为借口，安慰自己。事实上，他并没有尽力，因为只是一味沿着一条路在走，而完全忽视了其他的道路。

适当的变通能带来新的生机和发展途径，对自己说"没关系"并不意味着对困难妥协，对自己说"没关系"的人，是知道此路不通之后，及时转到另外一条道路上，但丝毫不会影响自己达成目标。就像要积累财富的人，发现家电生意做得不好，可以再去做电脑生意；有着艺术梦想的人，发现自己不擅长弹琴，那么可以去学习绘画；高考失利的学生，虽然上不了心仪的大学，但可以努力去考取它的研究生。在发现一条道路走不通的时候，一定记得要对自己说："没关系，换一条路试试看。"

别找借口，坚持就是胜利

"幸运固然令人羡慕，但战胜逆境则令人敬佩。"这是塞涅卡模仿斯多·葛派哲学讲的一句名言。无数的事实证明，成功，往往来自于对逆境的征服。

挫折是人生的一种历练，没有人会不劳而获，在闯荡的过程中，你要付出汗水，还要勇敢面对挫折与失败。当我们观察成功人士时，会发现他们的背景各不相同，那些大公司的经理、政府的高级官员以及每一行业的知名人士都可能来自贫寒家庭、破碎家庭、偏僻的乡村甚至于贫民窟。这些人都是社会上会闯的人，他们都经历过艰难困苦的阶段。

当失败来临时，有的人就无法爬起来了，只会躺在地上骂个没完，或者找个借口，说自己真的不行了，然后准备伺机逃跑，以免再次受到打击。但是，想要成功的人却大不相同。他们在被打倒时，会立即反弹起来，同时会吸取这个宝贵的教训，继续往前冲刺。

在毕业之际，吴教授把林某的成绩打了个不及格，这件事对他打击很大，因为他早已做好毕业后的各种计划，现在不得不取消，真的很难堪。他只有两条路可走：第一是重修，下年度毕业时才能拿到学位。第二是不要学位，一走了之。在知道自己不及格时，他非常失望，并找这位教授要求通融一下。在知道成绩不能更改后，他向教授大发脾气。这位教授等他

当你成功，你才知道什么是奋斗

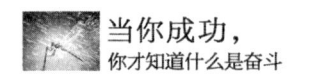

平静下来后，对他说："你说的大部分都很对，确实有许多知名人物几乎不知道这一科的内容。你将来很可能不用这门知识就获得成功，你也可能一辈子都用不到这门课程里的知识，但是你对这门课的态度对你大有影响。"

"你是什么意思？"这个学生问道。教授回答说："我能不能给你一个建议呢？我知道你相当失望，我了解你的感觉，我也不会怪你。但是请你用积极的态度来面对这件事吧。这一课非常非常重要，如果不由衷地培养积极的心态，根本做不成任何事情。请你记住这个教训，5年以后就会知道，它是使你收获最大的一个教训。"后来这个学生又重修了这门功课，而且成绩非常优异。不久，他特地向这位教授致谢，并非常感激那场争论。"这次不及格真的使我受益无穷。"他说，"看起来可能有点儿奇怪，我甚至庆幸那次没有通过。但正是因为我经历了挫折，才尝到了成功的滋味。"

——摘自《成功的奥秘》

我们每一个人都可以化失败为胜利。从挫折中吸取教训，好好利用，就可以对失败泰然处之。千万不要把失败的责任推给你的命运，要仔细研究失败的事例。如果你失败了，那么就继续学习吧！这可能是你的修养或火候还不够好的缘故。世界上有无数人，一辈子浑浑噩噩，碌碌无为，他们对自己的平庸总会有这样或那样的解释。这些人仍然像小孩儿那样幼稚与不成熟。他们只想得到别人的同情，简直没有一点儿主见。由于他们一直想不通这一点，才一直找不到使他们变得更伟大、更坚强的机会。这也正是成功人士与失败者的最大区别。

懂得人生的人往往不喜欢平稳庸碌的生活，而多半有胆量去尝试一些困难的、冒险的但却充满生气而有意义的生活。因为他们知道，只有克服了困难，穿过了险境，他们才会尝到人生的真味，才会懂得人生的苦是怎样的苦法，乐又是怎样的乐法，而他们最大的收获往往是到达了成功的彼岸。

美国人希拉斯·菲尔德先生退休的时候已经积攒了一大笔钱，足够过上富裕的日子。然而这时他又突发奇想，想在大西洋的海底铺设一条连接欧洲和美国的电缆。随后，他就全身心地开始推动这项事业。菲尔德先生首先做了一些前期基础性的工作，包括建造一条1000英里长，从纽约到纽芬兰圣约翰的电报线路。纽芬兰400英里长的电报线路要从人迹罕至的森蓼穿过，所以，要完成这项工作不仅包括建一条电报线路，还包括建同样长的一条公路。此外，还包括穿越布雷顿全岛共440英里长的线路，再加上铺设跨越圣劳伦斯海峡的电缆，整个工程十分浩大。菲尔德使尽全身解数，总算从英国得到了资助。随后，菲尔德的铺设工作就开始了。电缆一头搁在停泊于塞巴斯托波尔港的英国旗舰"阿伽门农"号上，另一头放在美国海军新造的豪华护卫舰"尼亚加拉"号上。不过，就在电缆铺设到五英里的时候，它突然卷到了机器里面，被弄断了。

菲尔德不甘心，进行了第二次试验。试验中，在铺好200英里长的时候，电流中断了，船上的人们在甲板上焦急地踱来踱去，好像死神就要降临一样。就在菲尔德先生即将命令人割断电缆、放弃这次试验时，电流又神奇地出现，一如它神奇地消失一样。夜间，船以每小时四英里的速度缓缓航行，电缆的铺设也以每小时四英里的速度进行。这时，轮船突然发生了一次严重倾斜，制动闸紧急制动，不巧又割断了电缆。但菲尔德并不是一个在挫折面前低头的人。他又购买了700英里的电缆，而且还聘请了一个专家，请他设计一台更好的机器。后来，在英美两国机械师的联手下才把机器赶制出来。最终，两艘军舰在大西洋上会合了，电缆也接上了头。随后，两艘船继续航行，一艘驶向爱尔兰，另一艘驶向纽芬兰。在此期间，发生了许多次电缆割断和电流中断的情况，两艘船最后不得不返回爱尔兰海岸。

在不断的挫折面前，参与此事的很多人都一个个泄了气，公众舆论开始对此流露出怀疑的态度，投资者也对这一项目没有了信心，不愿再投资。这时候，又是菲尔德先生，是他百折不挠的精神和他天才的说服力，使这一项目得以继续。菲尔德为此日夜操劳，甚至到了废寝忘食的地步。

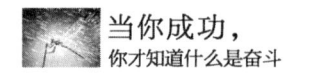

他绝不甘心失败。于是,尝试又开始了,这次总算一切顺利,全部电缆成功地铺设完毕而没有任何中断,几条消息也通过这条漫长的海底电缆发送了出去。一切似乎就要大功告成了,但就在举杯庆贺时,突然电流又中断了。这时候,除了菲尔德和一两个朋友外,几乎没有人不感到绝望的。但菲尔德始终抱有信心。正是这种毫不动摇的信心,使他们最终又找到了投资人,开始了一次新的尝试。这次终于取得了成功。正是菲尔德这种不畏挫折的精神,不断地战胜挫折,并最终创造了一项辉煌的历史。

——摘自《按西点的方式做事——像西点人一样思考和行动》

希拉斯·菲尔德先生的经历是充满挫折的,但他的精神是可贵的,取得的成绩是辉煌的。在一生中我们都会遇到很多或大或小的挫折,这一点谁都无法避免,关键的是不要因为失误或者失败而止步不前。正确的态度是,不要害怕它们,也不要找任何借口。

在挫折面前,我们千万不要害怕,更不应该满是借口,要把它当作成功对我们的考验,努力地去拼搏,让这份挫折变成我们人生中的财富!让它伴随我们走向胜利,走向成功!

不要用借口掩饰自己的不足

当你用借口来为自己的缺点辩护时，或是出于虚荣或是由于胆怯。要学会全面地看待问题，审视自己的不足，不要用借口去掩饰。学会欣赏自己的独特性并不等于可以无视自己的缺点，要想让自己变得更受欢迎，就需要正视自己的缺点。无视自己的缺点会让人无法认清自己的真实实力，阻断成功的道路，更会在危急时刻带来致命的错误；无视自己的缺点也会在无形中破坏自己的人际关系，让自己变成不受欢迎的人。

当我们还是孩子的时候，就开始用借口来维护自己小小的尊严；当我们没有其他的小朋友跑得快或跳得远的时候，我们就会对别人说"你耍赖"。这样的借口都是因为不愿意承认自己没有别人强大。只有承认自己与别人有差距，才能弥补这段差距。如果总是为自己找借口，差距就会越拉越大。找借口的人通常不自信，他们不相信自己能够改变这些缺点，在缺点面前，总是用一种负面的态度给自己下定论，"反正我就是这样了"。自暴自弃让人永远没有办法弥补自己的缺点。

有一则笑话讽刺的正是那些想要为自己的缺点辩护，最终弄巧成拙的人。

一名生物学家不想死掉，所以他克隆了10个自己，每一个都和他一模一样，因为他自认为是世界上学问最深的生物学家。

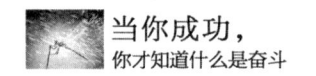

有一天，死神来了，他分辨不出哪一个才是真的生物学家，于是他对11个一模一样的人说："你真的很厉害啊，可是为什么这里有一个致命的瑕疵呢？"死神指了指他们。

这时，其中一个人听了，立刻跳了起来，对死神反驳道："那不是我的错，因为那天我太困了，所以没有做好。"

下一秒，死神就笑了，然后就把说话的生物学家带走了。

——摘自《不要掩饰自己的不足》

因为这位科学家太急于为自己的过错找借口，而被死神辨认了出来。这当然只是一则笑话，笑过之后，我们都会觉得这位科学家很愚蠢，可现实中，当我们为自己的缺点辩护时，其实也是一样愚蠢。就像小时候，如果我们跑不过别人，完全可以承认自己输了，但是我们总是愿意把输掉的问题归结为他人的过错。如果我们下定决心，在自己相对较差的地方倍加努力，并有信心获得成功，那我们又为什么要牵强地为自己辩护呢？借口让我们被懒惰俘虏。如果我们坚持每天跑2公里路，就肯定不会再因为跑得慢而输掉游戏。可是我们不愿意为此付出汗水和体能。当我们终于有一天决定为了弥补不足而行动起来，借口又会偷走我们的耐心，让我们无法忍受这个漫长的进步过程。可是每一个弥补不足的过程都是漫长的，罗马城不是一天建造的，而要提升一个人某一方面的能力，也绝非一蹴而就的事情。借口偷走了耐心后，会让我们产生烦躁的负面情绪，然后拼命地告诉自己，一辈子都不可能在此领域有所进步了。

借口在我们认识缺点、弥补不足的过程中，成为最大的阻碍。它放任我们对不足听之任之，或者忽视自己的缺点，或者只能对它们望洋兴叹。先秦的哲人老子说："胜人者有为，自胜者强。"也就是告诉我们：只有能够战胜自我的人，才是真正的强者。在《道德经》中，老子这样告诫世人："知不知，尚矣；不知知，病也。圣人不病，以其病病。夫唯病病，是以不病。"它的意思就是：知道自己有所不知，最好；不知道自己有所不知，就是问题了。圣人没有问题，是因为他们知道自己有所不知。能够正视自己的缺点才能改正缺点，任何以客观原因为借口，逃避自己缺点的行为，就是老子所说的"病"了。

汉高祖刘邦夺取天下后，有一天与大臣们讨论得天下的原因，他问大臣们："你们不要隐藏自己的观点，你们觉得为什么我能得天下？"大臣高起、王陵回答道："陛下可以慢慢地教导人，而项羽只懂得一味溺爱。陛下攻城拔寨，所到之地都与百姓同乐，所以得了天下。项羽嫉贤妒能，陷害有功之臣，怀疑圣贤，战胜了也不给予他人功劳，取得了新的城池，也不给自己的将领奖赏，所以失去了天下。"

刘邦说："你们只知道其一，不知道其二。论运筹帷幄的能力，我不如子房；比起安定国家、安抚百姓、使天下安康，我不如萧何；说起打仗，能攻必取、战必胜，我不如韩信。他们三个人都是人中的豪杰，我善用他们，这才是我能得天下的原因。项羽虽然有范增，但却不能重用他，所以最后成为败将。"

——摘自《二十五史读解之刘邦——知人善任的一代君主》

在这段话中，刘邦的想法正好印证了老子的观点：这些能得天下的英雄都是正视自己的缺点和不足，并尽可能地弥补自己的不足的人。而项羽正是由于盲目自大，全然意识不到自己的缺点，虽然骁勇善战，最后也只能落得个自绝于乌江江畔的下场。

刚愎自用的人永远能为自己的失败找到借口，就算他们具有某一方面的天赋，也只能是被蒙上了双眼的牛犊，除了鲁莽地横冲直撞外，看不到切实可行的方向。借口是缺点最好的遮羞布，找借口的人永远都看不清真实的自己，更没有机会弥补自己的不足，最后只能因为自己的缺点而遗憾终身。

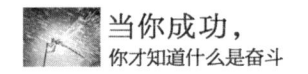

警惕自满成为倒退的借口

大家应该都听过这样一句话："逆水行舟，不进则退。"此话告诉我们：要始终保持积极进取的态度，哪怕我们已经取得了非常高的成就，也不能将它作为停下前进脚步的借口。躺在已有的辉煌上打瞌睡，只能让我们坠入谷底，品尝失败的苦果。自满情绪将扼杀美好的前程，无论天赋有多高，不思进取就是不懂得珍惜自己的天赋。

自满的情绪会让我们变成龟兔赛跑中那只骄傲的兔子，躺在树荫下打盹儿。"我比乌龟跑得快得多，根本不用担心"这样的借口，让兔子输给了比自己的速度慢很多的乌龟。自满情绪会助长很多让人懒惰的借口，这些借口让人们误认为，只要有眼下的成就，就能做一辈子的成功者。但是，事实正好相反，驻留在自满的情绪中，对他人的进步丝毫没有察觉，等醒悟过来的时候，自己已经被远远地甩在了他人的后面，从曾经的成功者变为失败者。

由自满情绪所产生的借口，会让人变得懒惰却又无知，以为自己将永远处于遥遥领先的位置。就像一个病入膏肓的病人，却还不知道自己已经生病，这将延误最佳的治疗时机，而在自满情绪下产生的借口，正是这种致命的疾病，让人在没有意识到的情况下，每况愈下。

有两个天资很高的孩子。一个孩子在五岁的时候，就能作出令人称绝

第三章
不为失败找理由，成功者永远杜绝借口

的诗句。他出生在一个农民家庭，父亲几乎不怎么认识字，可见这个孩子的天分有多高。乡亲们无不称他为"神童"，这个孩子也自认为自己非常了不起，从此便不再认真学习。到了十多岁，这个曾经的"神童"已经变成了一个普通人，只能和他的父亲一样，在家务农了。这个"神童"就是方仲永，他因为骄傲自满，而辜负了自己超乎常人的天分。

另一个孩子叫左思，他出身于书香门第，可是小时候并没有聪慧过人的地方。家里人请老师教过他书法、音乐、兵法，但都没有什么成就。望子成龙的父亲失望地说："这个孩子不如我年轻的时候聪慧，真是一代不如一代了。"但是左思没有气馁，他并不认为自己的天赋不高，就不能成就一番事业。他在家里的墙上、厕所、厨房都贴了纸张，想出好的句子，就随手写上。经过十年的刻苦努力，他终于写出了流传万代的《三都赋》，洛阳人读后，争先恐后地买纸抄读，竟然形成了"洛阳纸贵"的奇观。

——摘自《勤学使人上进》

一个是少年天才，最后只能沦落到田间地垄；一个是让父亲失望的普通儿童，最后经过不懈的努力，成为著名的文学家。前者被自满的情绪淹没，逐渐丧失了自己的天赋。方仲永10岁左右，正是成长的时候，他认为自己的天分就可以让自己做一辈子天才，所以以天资超常为借口，终止了学习，最后只能做个最普通的农民。左思并没有因为自己的家庭条件很好，而不思进取，他受到父亲激励，不懈努力，最终获得了成功。

一个被自满情绪掌控的人，总可以找到让自己懒惰的借口，他会说"我的家境这么好，何苦去拼命努力呢？家里的钱财足够我一生吃穿"。但他却忘记了，如果一个人没有一双自己能换取财富的手，一旦走出家庭的温室，就会被社会淘汰。自满的人还会说："我记忆力比别人都好，所以我只需要花半个小时，就能学会别人花一个小时学习的内容。"这样的人把时间浪费在无聊的游戏、闲聊中，却忽略了信奉着"勤能补拙"的人会花两个小时，学习更多他所不会的内容。自满的情绪是一架显

当你成功，你才知道什么是奋斗

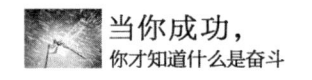

微镜，它放大了所有细小的天分和优势，却让人忽视了自己的不足和缺点。

不给自己任何借口，特别是不要让自己被自满的情绪毁掉了前途。当我们获得成功的时候，应该为自己欣喜，告诉自己："我就是最好的！"但也一定要知道，我们永远不可能攀登到最高的山峰，这次成功不是终点而是一个起点，它是下一次向更高的山峰攀登的开始。在进取的道路上，永远没有终点，永远不要以为到了一个小小的山顶，就可以停止前进的脚步。

先圣孔子有一次带领学生到鲁桓公的寺庙参观，看到一个用来盛水的器皿倒斜在寺庙中。孔子问庙里的人："请告诉我，这是什么器皿？"庙里的人说："这个器皿叫作'欹器'，是放在座位的旁边用来警戒自己的。"孔子对学生说："我听说过这种器皿，里面的水如果太少，它就会倾倒；只有水装得适度的时候，它才会直立；如果把水装满，它就会翻倒，里面的水都会流出来。"学生们往器皿里注水，果然，过少的时候，它是倾斜的；水满之后，就会完全翻倒。孔子说："看呢，世界上哪有装得太满，而不翻倒的事物啊！"

——摘自《中长寓言故事》

如何才能不让自己产生骄傲自满的情绪？最重要的就是牢记圣人的教诲：装得太满，就会翻倒。自我感觉非常良好的时候，也是最为危险的时候，我们就像"欹器"，已经被自满的情绪注满，却还不知道，瞬间倾倒后，那些我们曾经取得的成绩，就会如同那些已经装入器皿中的水，都会付之东流。当我们认为自己在某一件事情上获得成功后，就要开始思考，下一个目标是什么，该往哪一个更高的目标前进。

无论运动员的竞技水平多么高，都需要每天坚持训练；无论作家的天赋多么好，也需要坚持写作，不断修正自己的不足；学者的学问再好，也必须坚持每日的研究，才能保证自己始终处在学术的前沿；而那些从事最普通职业的人同样需要不断地进步，因为在这个高速发展的世界，如果咬定昨天的成就不放，拒绝更新自己的知识库，就会在明天被淘汰。无论是工程师还是设计师，都必须坚持学习新的技能；无论是教师还是律师，都需要不断接受新的理念。没有一种行业，能够用昨天的成就，替代今天的新知。

因此，自满情绪是绝对要不得的，它会让我们随意找到驻足不前的借口，这些借口让生命之船停滞在河道中，只能顺着水流，一路漂向下游，而永远看不到上游美丽的风景。

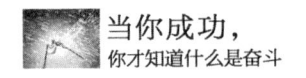

阻止借口成为拖延的温床

要想改变自己平庸的生活，就需要一个改变当下生活的启动力：丢掉借口，立刻把自己的想法付诸实践。那些抱怨自己生活不如意的人并不知道，让他们无法改变现状的不是别人，正是他们自己。想好了，就马上去做，不要让借口成为拖延的温床。

科学研究表明，人的大脑是一台非常精密的仪器，它的创造力远远高于我们的预期。大脑时常会呈现出富有灵感的想法，但甘愿失败的人则会找出无数条借口，来和大脑的灵感对抗。人们会说："反正不着急，这个想法等到明天再说吧。"可是到了明天，他早就把点子抛到了脑后。人们还可能说："现在条件还不成熟，等条件成熟了，再做也不迟。"可等条件成熟了，好的主意早就变成别人的行动了。人们还会说："这算什么，我要做就做一个最完美的，一鸣惊人。"可不付出实际行动的话，"完美"从何而来呢？

让我们丢掉这些为自己辩护的借口，立刻采取行动，从当下的一分钟开始，彻底改变慵懒的生活状态。美国混合保险公司的创始人斯特隆曾说："对我的人生影响最大的一句话就是：'马上去做。'"这正是斯特隆的母亲从小教导斯特隆的话，也是斯特隆一生的行为准则。

第三章
不为失败找理由，成功者永远杜绝借口

第二次世界大战后，美国经济大萧条使原本生意兴隆的宾夕法尼亚伤亡保险公司濒临破产。该公司归属巴尔的摩商业信用公司，他们决定以160万美元的价格出售保险公司。当时的斯特隆已经拥有了一支非常优秀的保险推销队伍，这让他突然想到一个主意，并立即付诸了实践。他找到了商业信用公司的负责人，并告诉他自己要购买他们旗下的这家保险公司。

公司的负责人告诉他："当然可以，需要160万美元。"斯特隆说："我没有这么多钱，但我可以向你们借。"这个想法让负责人惊呆了。斯特隆解释道："你们商业信用公司不就是给别人做信用贷款的吗？我完全有把握把保险公司做好，然后再把借来的钱还给你们。"斯特隆的建议意味着，商业信用公司不但拿不到一分钱，还要借钱给斯特隆经营保险公司。

但商业信用公司通过全面的调查，看到斯特隆以及他的优秀的保险团队，对他们的经营能力充满了信心。最后，斯特隆没有花一分钱，就获得了这家保险公司，并把它经营成美国著名的保险公司。

——摘自《方法总比问题多》

"马上去做"就是不要给借口任何可乘之机，不要去追究自己现在心情如何、身体如何，这个想法的成功概率到底有多大，等等。只有把想法付诸实践，才有可能成功。彻底丢掉借口，立刻处理手边的事情，不要只用"我知道""我会尽快处理"作为口头禅，却把事情丢在一边。我们经常会说："您放心，我马上去做。"但随后又会告诉自己"我得先去吃饭"或"我得下班了，明天再说吧"。

牛顿第一定律告诉我们，任何物体在不受任何外力的作用下，总保持匀速直线运动状态或静止状态，直到有外力迫使它改变这种状态为止。生活中，这个"外力"至关重要，好的想法或者完美的执行，都开始于这个改变状态的"外力"。可是，借口却让这个至关重要的动作成为停留在脑海中的想象。

那些成就卓越的人，往往并不会在智商上高出平凡的人很多，大部分只是一般水平。人的成功并不取决于智商的高低，而是取决于对待事情的

当你成功，你才知道什么是奋斗

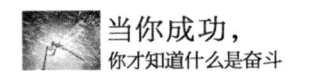

态度，那就是：不给自己任何借口，毫不迟疑，立刻投入行动。

某一天，列宁收到了一份来自前线的急电，内容是：冬天到了，士兵缺少衣服，弹药也快用完了，十万火急，但总部机关迟迟未予回复。列宁让通讯员把电报送到了总部，一个小时后，列宁打电话给部长，询问电报是否收到了。部长说："没有收到。"列宁请部长去查邮件，部长回答："我马上去，然后给您电话。"

"不，不，我等着。"列宁说。

部长立刻检查了电报，发现电报已经送达。他告诉列宁："电报发到了，我和同志们研究一下，再回您电话。"

"不，不，我等着。"列宁说。

部长很快就回来汇报说："一切都安排好了，正在和服装管理处联系，我随后告诉您消息。"

"不，不，我等着。"列宁仍然坚持说。

部长于是马上联系了服装管理处。拖延了一个月的问题，在列宁的督促下，只用了不到半个小时就解决了。

——摘自《领导文萃》

借口是拖延的温床，它让很多本可以立刻得到解决的问题拖延很久。找借口的人总认为时间还很多，手边的事情可以暂时不用做，因为他们并不愿意立刻付出行动。如果每一件事情都暂时搁置起来，最终也就一事无成了。

所以，我们要克服找借口的习惯，当我们想把手边的事情放下，吃块饼干或站到窗边看风景时，立刻对自己说：没有借口，不要等待，马上去做。长此以往，我们的办事效率就会提高，能力也会不断增强，成功之日也将会离我们越来越近。

第三章
不为失败找理由，成功者永远杜绝借口

别找借口，不做等死的鸵鸟

当鸵鸟看到狮子时，总是认为自己没有能力逃脱，它们会把头埋在沙堆里，把生命交给了凶猛的狮子。鸵鸟真的跑不过狮子吗？当然不是，科学家研究发现：鸵鸟的奔跑时速是70~80千米，这几乎和狮子的速度一样。但鸵鸟可以以这样的速度奔跑半个小时，而狮子只能维持几分钟，如果鸵鸟不停止奔跑，生还的希望是非常大的。鸵鸟的悲剧就在于选择了胆怯地逃避。鸵鸟因为害怕失败，选择了向困难妥协，但妥协的代价是彻底失去逆转困境的机会。

心理学家把这种消极放弃的心态称为"鸵鸟心态"。鸵鸟认为自己看不到敌人，敌人就不存在了，但恰恰是这样的做法，让它们断送了性命。找借口的人抱着同样的想法，以消极的心态对待困境和问题，以为只要用借口把问题掩盖起来，就可以万事大吉了。但结果总是事与愿违，因为借口能暂时地遮掩问题，却不能根本地解决问题。

找借口的人就像掩耳盗铃的人，总是认为自己听不到铃声，别人也不会听到。这不但是种愚蠢的做法，也是一种风险很大的行为。我们在开始为自己找借口的时候，不妨问一下自己："我真的愚蠢到要把自己变成等死的鸵鸟吗？"鸵鸟为什么在完全可以逃生的情况下放弃努力？就是因为它们对敌人作了妥协，给自己判了死刑：它们认为自己肯定无法逃脱了。内心的妥协毁灭了鸵鸟的意志，让它们丧失了基本的判断能力，最后只能自欺欺人地把头埋起来。

困难发生时，我们应该选择勇气而不是恐惧；我们需要有必胜的信心而不是妥协和投降的态度；我们要全力以赴地去争取胜利，而不是把精力放在困难有多大、自我有多渺小的比较上，这样的比较毫无益处，只能一点点消减我们的勇气。要对自己说："我别无选择，我一定要胜利！"因为这句话能让我们不再畏惧困难，不再害怕失败，这句话帮助我们战胜自己，也就等于战胜了一切。

日本围棋大师大山康晴说过，当你认为自己已经必死无疑了，只要再坚持一下，总会出现起死回生的机会。大山康晴这句话的意思并不是让人们守株待兔似的等待好运降临，而是教导我们哪怕是最后一线曙光，都值得我们去为之拼尽全力。

大山康晴在自己的传记中详细描述了他是如何起死回生的：

"照相机的闪光灯闪烁着，我重新燃起了一股奋战到底的勇气。我咬紧嘴唇，心想或许还有一线生机。时间只剩下一个多小时了，在行家看来，这场比赛的胜负已成定局，观众也已在心里判定'大山将败北'，只有我还在埋头冥想。观战者开始窃窃私语：'大山这家伙怎么还不投降！'但是我的敌人只有我自己。高岛八段又一轮攻击，似乎并没有取得更多的成效，但我看到，在长时间的鏖战中，他的注意力开始下降——他在这一轮攻击中忽略了一些要点，我想，这或许是我的机会。

"长时间的比赛让高岛开始烦躁不安，他犯下的错误越来越多，最后的一个多小时，我扭转了局面，我们开始平分秋色。最终，高岛终于弃子认输了。"

——摘自《逢凶化吉之道：避开人生之路九大陷阱》

古语说，哀兵必胜，也正是这个道理。两军对阵，处于劣势的一方，因为抱定了必死的决心，往往可以以一顶百，绝处逢生。如果他们从开始就认定自己一定不能战胜强大的敌人，实际上已是缴械投降了，而不是背水一战，那么战争还未开始，他们就已经战败了。

第三章
不为失败找理由，成功者永远杜绝借口

借口是内心恐惧的化身，它源自妥协，只要不妥协，借口就得不到任何机会，这也是反败为胜的开始。永不妥协是消灭借口的杀手锏，因为拥有了坚决不向困难低头的决心，哪怕是与对方力量悬殊也能取胜。

好莱坞的经典电影《永不妥协》改编自一个真实的故事，这个故事感动了全世界的观众：电影从女主角彻底失败的生活开始，她离婚后失业在家，一个人照顾孩子，还不幸遭遇了车祸，但是她坚持留在一家律师事务所做文员。她没有任何法律知识，但是非常珍惜自己的工作机会，并不断学习相关知识，凭借自己的努力改善了自己的处境。

但不久，她发现了一个化工企业污染了一个村庄的水源，她为了给所有的受害者讨回公道，只身和财大气粗的化工企业对抗。在这场力量对比异常悬殊的斗争中，化工企业聘用了美国最好的律师，威逼、利诱女主角，无所不用其极。但女主角从未妥协，她凭借自己从律师事务所学来的专业知识，和全美国最好的律师们对抗。这期间，她拜访了每一位村民，搜集了大量的证据，最后为村民争取到了巨额的赔款。

——摘自《做一位果敢、善良的女子》

面对困境的时候，我们总是低估自己的实力，这让我们一开始就放弃了战胜困难的希望。当我们在心底对自己说"算了吧"，我们就彻底失去了激发潜力的机会。最后，看似是困难打败了我们，但实际上，打败我们的只是我们自己。

成功的人大多有力挽狂澜的魄力，也经历过置之死地而后生的处境。我们应该把困境看成一种机会，它能让人在心智上迅速成长。

只要不妥协，专业知识不够、势单力薄、没有经验等，都不能成为放弃的借口。无论困难如何强大，我们始终是自己的主人，选择权永远属于我们自己：我们可以选择做等死的鸵鸟，用借口把眼睛蒙起来，这样可以适当减轻痛苦感，但却无法改写悲剧的结局；我们也可以选择坚持到底，在持久的抗争中，寻找到新的生机，并最终获得新生。一个是无可挽回的败局，一个是起死回生的反击，你是想选择借口还是想选择永不妥协呢？自己抉择一下吧！

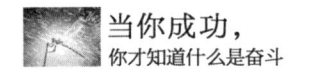

抛掉"差不多"的借口

想成功就要把事情一次做到位,做事一步到位可以排除未来的隐患,拆除借口的温床。

找借口的人做事情奉行"点到为止"的原则,不会本着责任心把事情推进到底。他们习惯用自己一半儿的力量把事情完成一半儿,而不愿多付出些力量,把事情做到彻底。而实际上,把事情做彻底是杜绝借口的最好方法。

习惯找借口的人奉行"差不多"的原则,他们认为"差不多"就可以了,从不进一步考虑如何把事情做得尽善尽美。这个偷懒的做法实际上并不"经济划算",因为如果把一件事情完成90%需要一个人付出一个月的时间,利用这一个月的积累,很容易就把剩下的10%处理完毕了。如果留下10%不去处理,日后衍生出新的问题,就相当于要重新面对一个难题,从头做起,那说不定要付出几个月,甚至更多的时间和精力。

"差不多"是孕育借口的温床,这会让工作中遗留很多的隐患,而这些问题一旦暴露,"差不多先生"就会找出几十条借口来为自己辩解。把事情一步做到位,是最节省时间和精力的做法,它彻底地拆除了借口的温床。

有两个邻近的村庄,一个叫张家庄,一个叫李家庄,它们同时整修道路，要把村里的土路建成水泥路。张家庄很快就破土动工了，修得非常快，等修好后，李家庄才修了一半儿多一点儿。张家庄的人很好奇，问："你们怎么修得这么慢呢？"李家庄的人说："我们也马上就可以修好了，但是我们在修理前把污水管道、自来水管和电线的线路又重新检查了一遍，所以慢了一些。"张家庄的人很不理解，问："为什么要这么啰嗦呢？不就是修一条路嘛，你们真是费力不讨好。"李家庄的人并没做过多的解释，没过几天，李家庄的路也修好了。

不久，两个村子都要装路灯，需要在地下铺电缆，这下可难坏了张家庄的人，他们不得不把刚刚修好的路再次挖开，以便铺埋线路。李家庄因为一开始就考虑到了线路的问题，早就铺好了电缆，所以也就不需要再重新做任何工作了。

——摘自《欲速则不达》

日常生活中，找借口的人都认为修路就是修路，不会过多地想到其他方面问题，一旦出现了新问题，他们就会像张家庄的人一样，说："都因为我们太疏忽，忘记了铺电缆。"其实，这并不是粗心大意的问题，而是因为他们从一开始，就没有把事情做完美的想法，他们总觉得事情能做得差不多就可以了，路可以走了就行，机器可以运转了就行，房子可以住了就行……"差不多"就是偷懒的借口，不愿意花费更多的心思去缜密地思考如何把事情做完美。这样不仅会事倍功半，还存在巨大隐患。

好在张家庄的人只是修了一条路，如果他们是建造一座房子，那么"能住就可以了"很可能导致房屋的倒塌；如果他们修建一条铁路，那么"火车能开就可以了"很可能导致火车出轨。他们可以为自己修路的失误找到"粗心、疏忽"的借口，但出现了更严重的事故，借口就再也无法让人逃避谴责和惩罚了。

要摆脱借口的纠缠，就要忘记"差不多"这句话，做每一件事情都尽力去争取照顾前后，不为以后留下任何的隐患。要把事情做到位，最重要的是要有完美主义的精神，时刻提醒自己，哪怕是1%的事情也要用100%的精力去完成。把事情的每一个环节都想得周到，处理得完美，就能够保证整件事情的完美。做一位业务推销员，就必须认真回答哪怕是看起来微不足道的问题；做一名教师，就不能忽略课文中标点符号的作用；做一位工程师，就不该疏忽一个小螺丝帽……20世纪人类历史上最悲惨的事情之一就是"挑战者号"航天飞机的坠毁，而造成这一悲剧的原因只是因为一个O型环，工程师在设计的时候忽略了一个小小的O型环遇冷失效的问题，而断送了六位航天员的生命。

做事做到位就是要把方方面面的问题都考虑周全，不要只解决表面问题，而是把可能存在的隐患也考虑在内，不以应付差事的态度对待问题，尽自己的最大努力把事情做好。

英国国王到波斯沃斯征讨与自己争夺王位的里奇蒙德伯爵，决战在1485年。决战开始的前一天，国王厉兵秣马，并且要全军将士把所有的战斗工具调整到最好的状态。一位叫作杰克的毛头小伙子在这场战役中担任国王的御用马夫。他牵着国王最钟爱的战马来到了铁匠铺里，要求铁匠为这匹屡建奇功的战马钉上马掌。

钉马掌只是一件小活儿，却因最近战事频繁，铁匠铺的生意好得不得了，所以铁匠对这个年轻的马夫有些怠慢。身为国王的马夫，杰克当然容不得对方的这种轻视态度，于是他端着架子对铁匠说："告诉你，这可是国王的战马，明天国王就要骑着它打败里奇蒙德伯爵。"铁匠再也不敢怠慢眼前的小马夫了，他把马牵到棚子里开始为马钉马掌。

就在为国王的御用战马钉马掌的这一刻，铁匠发现他手中的铁片没有了。于是他告诉马夫需要等一会儿，自己要到仓库中寻找一些能用于钉马掌的铁片。可是马夫杰克却很不耐烦，他说："我可没有那么多时间等你，里奇蒙德伯爵率领的军队正在一步一步地向我们逼进，耽误了战斗，无论是你还是我都承担不起责任。你不能随便找其他一些东西来代替那种铁片吗？"杰克的话提醒了铁匠，他找到一根铁条，当铁条被横截之后，正好可以当成铁片用。

第三章
不为失败找理由，成功者永远杜绝借口

铁匠将这些铁片一一钉在了战马的脚掌上，可是当他钉完第三个马掌的时候，他发现又有新问题出现了——这一次是钉马掌用的钉子用完了，这不能怪铁匠储备的东西不够丰富，实在是战争中需要用的铁制工具太多了。铁匠只好请求马夫再等一会儿，等自己砸好铁钉再把马掌钉好。马夫杰克实在是等不及了，就对铁匠说："没有时间了，差不多凑合凑合得了。"铁匠告诉他恐怕不牢固，但马夫坚持不愿意再等了。这匹战马就这样带着一个缺少了钉子的马掌离开铁匠铺，载着国王冲到了战斗的最前线。

最后的结果就如同那首歌谣唱的那样，国王在骑着战马冲锋的时候，没有钉牢的马掌忽然掉落，战马随即翻倒，国王滚下马鞍，被伯爵的士兵活活擒住，失去主帅的军队自然溃不成军，这场战役以国王的彻底失败而告终。一个庞大的王朝，就这样被一个铁钉毁掉了，为历史留下了沉重的叹息。

——摘自《小马虎惹出大乱子》

在生活中，我们有很多"差不多"的坏习惯：汽车坏了，随便修修，只要能开走就可以了；工作还没有彻底完成，但是已经完成得差不多了，就直接下班了；过马路看到红灯，差不多没有车，就直接穿行了……我们在做这些"差不多"的事情时，都有合适的借口："反正车能开了""反正没有人检查我的工作""反正现在没有车"，这些借口都可能变成隐患。那么如何杜绝这些借口呢？当我们说"差不多"的时候，一定告诉自己"失之毫厘，谬以千里"，让自己清醒地认识到，只图眼前的省事，就要在未来付出更多的代价。当我们反复提醒自己之后，还要懂得合理的做事顺序，在着手做事前不要急于下手，先把可能发生的其他问题逐一列在纸上，然后再逐一注明，应该做哪些工作，才能避免这些潜在的问题，这是将事情一步做到位的最好方法。古人说"欲速则不达"，越是着急开始工作，没有事先把问题想明白，没有把所有该做的事情按顺序排好，以后付出的代价就越高。

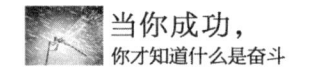

如果每天都只是把工作做得"差不多"就下班,那么存在的隐患就会越来越多,某一天这些问题都暴露出来,不管给自己找什么样的借口,都难以弥补损失了。其实,虽然已经工作了8个小时,也许只要再多工作半个小时,就可以把那些没有做完的事情处理完。而如果等问题爆发了,那就可能要增加几天甚至几个月的工作量了。

做事情一次做到位是成功的关键,它排除了未来的隐患,也拆除了借口的温床。从现在开始,不要再对自己说"差不多",而是认真地核查每一个可能发生问题的环节。

第四章

水滴石穿，不懈攀登才能铸就辉煌人生

俗话说得好："一分耕耘，一分收获。"只有努力了，才能绽放出成功的花朵。只要功夫深，铁杵磨成针。相信我们只要朝着自己的理想努力奋斗，坚持不懈，那么，终有一天，我们一定能够取得成功！

当你成功，
你才知道什么是奋斗

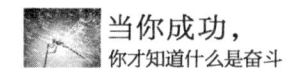

脚踏实地，步步为"赢"

"水滴石穿"的寓意是：只要坚持不懈，细微之力也能做成很难办的事。拥有一定能力的人，如果没有合适的机会，不妨从基层起步，积累经验，一旦时机成熟，就果断捕捉，展现不平庸的一面。

维斯卡亚公司是美国20世纪80年代最为著名的机械制造公司，其产品销往全世界，并代表着当时重型机械制造业的最高水平。许多人毕业后到该公司求职遭拒绝，原因很简单，该公司的高技术人员爆满，不再需要各种高技术人才。但是令人垂涎的待遇和足以让人自豪、炫耀的地位仍然向那些有志的求职者闪烁着诱人的光环。

詹姆斯和许多人的命运一样，在该公司每年一次的用人测试会上被拒绝申请，其实这时的用人测试会已经是徒有虚名了。詹姆斯并没有死心，他发誓一定要进入维斯卡亚重型机械制造公司。于是他采取了一个特殊的策略——假装自己一无所长。

他先找到公司人事部，提出为该公司无偿劳动并且做什么工作都行。公司起初觉得这简直不可思议，但考虑到不用任何花费，也用不着操心，于是便分派他去打扫车间里的废铁屑。一年来，詹姆斯勤勤恳恳地重复着这种简单劳累的工作。为了糊口，下班后他还要去酒吧打工。这样，虽然得到老板及工人们的好感，但是仍然没有一个人提到录用他的问题。

第四章
水滴石穿，不懈攀登才能铸就辉煌人生

1990年初，公司的许多订单纷纷被退回，理由均是产品质量有问题，为此公司将蒙受巨大的损失。公司董事会为了挽救颓势，紧急召开会议商议解决，当会议进行到一大半儿却尚未见眉目时，詹姆斯闯入会议室，提出要直接见总经理。在会上，詹姆斯把对这一问题出现的原因作了令人信服的解释，并且就工程技术上的问题提出了自己的看法，随后拿出了自己对产品的改造设计图。

这个设计非常先进，恰到好处地保留了原来机械的优点，同时克服了已出现的弊病。总经理及董事会的董事见到这个编外清洁工如此精明在行，便询问他的背景以及现状。詹姆斯面对公司的最高决策者们，将自己的意图和盘托出，经董事会举手表决，詹姆斯当即被聘为公司负责生产技术问题的副总经理。

原来，詹姆斯在做清扫工时，利用清扫工到处走动的特点，细心察看了整个公司各部门的生产情况，并一一作了详细记录，发现了所存在的技术性问题并想出解决的办法。为此，他花了近一年的时间搞设计，收集了大量的统计数据，为最后大显身手奠定了基础。

——摘自《是金子总会发光的》

在刚刚步入社会的时候，不妨选择一个低点儿的目标，放下架子，甘心从基础干起，练好真功夫，从而一步一步接近成功之巅。无论在什么情景下都要记着：脚踏实地，步步为"赢"。

俗话说："心急吃不了热豆腐。"谁都明白饭要一口一口地吃，任何人都不能一口吃成个胖子。对于做事来说，也需要一步一步去做才能实现目标，才能慢慢向成功靠拢。许多实现了人生目标的过来人都说，谁都无法"一步到位"，只有一步一个脚印地走下去，才会达到成功。因此，人不要把眼睛只盯住脚下、眼前，而不抬头看看巅峰高处，忽视了自己事业的长远规划。

决心获得成功的人都知道，进步是一点一滴不断努力得来的，就像"罗马不是一天造成的"一样。例如，登山是一步一步向上爬的；房屋

当你成功，
你才知道什么是奋斗

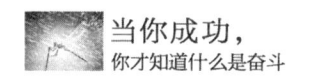

是由一砖一瓦堆砌成的；足球比赛最后的胜利是由一次一次的得分累积而成的；商家也是靠着一个一个的顾客逐渐繁荣的。所以每一个重大的成就都是由一系列的小成就累积而成的。

西华·莱德先生是个著名的作家兼战地记者，他曾在1957年4月的《读者文摘》上撰文表示，他所收到的最好的忠告是"继续走完下一里路"。下面是其中的几段文字：

在第二次世界大战期间，我跟几个人不得不从一架破损的运输机上跳伞逃生，结果迫降到缅甸、印度交界处的树林里。如果要等救援队前来援救，至少要好几个星期，那时可能就来不及了，只好自己设法逃生。我们唯一能做的就是拖着沉重的步伐往印度走，全程长达140里，必须在8月的酷热和季风所带来的暴雨的双重侵袭下，翻山越岭，长途跋涉。

才走了一个小时，我的一只长统靴的鞋钉刺到另一只脚上，傍晚时双脚都起泡出血，范围像硬币那般大小。我能一瘸一拐地走完140里吗？别人的情况也差不多，甚至更糟糕。他们能不能走完呢？我们以为完蛋了，但是又不能不走，为了能在晚上找个地方休息。我们别无选择，只好硬着头皮走下一里路……

当我推掉原有工作，开始专心写一本15万字的大书时，一直定不下心来写作，差点儿放弃我一直引以为荣的教授尊严，也就是说几乎不想干了。最后不得不记着只去想下一个段落怎么写，而非下一页，当然更不是下一章了。整整6个月的时间，除了一段一段不停地写以外，什么事情都没做，结果居然写成了。

几年以前，我接了一件每天写一则广播剧本的差事，到目前为止一共写了2000个。如果当时就签一张"写作"2000个剧本的合同，我一定会被这个庞大的数目吓倒，甚至把它推掉。好在是写一个剧本，接着又写一个，就这样日积月累，真的写出这么多了。

——摘自《继续走完下一英里》

最好的戒烟方法就是"一小时又一小时"地坚持下去，有许多人用这种方法戒烟，成功的比率比别的方法要高。这个方法并不是要求他们下决心永远不抽，只是要他们决心不在下一个小时内抽烟而已。当这个小时结束时，只需把他的决心延续到下一小时就行了。当抽烟的欲望渐渐减轻时，时间就延长到两小时，延长到一天，最后终于完全戒除。那些一下子就想戒烟的人一定会失败，因为心理上的感觉受不了。一小时的忍耐很容易，可是永远不抽那就难了。想要达成其他目标最好也用这种按部就班的方法。

对于那些从低点起步的人来讲，不管被安排的工作多么不重要，都应该把它们看成"使自己向前跨一步"的好机会。推销员每促成一笔交易时，就有资格迈向更高的管理职位了。牧师的每一次布道、教授的每一次演讲、科学家的每一次实验，以及商业主管的每一次开会，都是向前跨一步，更上一层楼的好机会。有时某些人看似一夜成功，但是如果你仔细看看他们过去的奋斗历史，就知道他们的成功并不是偶然、幸运所致，他们也是这样一步步走来的。

因此，请千万记住一点：任何事情的发展都需要一个逐步提升的阶段性过程，任何宏伟目标的实现都需要一个逐步积累的时期，攀登高峰的成就也是从低处一点一点爬上来的。

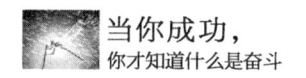

别妄想"一步登天"

即使自身具备再优越的条件，一次也只能脚踏实地地迈一步。但我们身边有好多人总想着一步登天，恨不得第二天一觉醒来，摇身一变成为比尔·盖茨一样的成功人士。他们在做事前先要费尽心思地盘算能不能偷工减料，能不能找到解决问题的小窍门、小技巧，甚至不惜损害他人的利益来达到自己的目的。这些人总以为自己很聪明，可事实证明，越是自作聪明的人，越是"聪明反被聪明误"。

人若有些小聪明是好事，但是我们不应当将所有的希望，将事物的成败都寄予在我们的"小聪明"上，更多的时候，我们需要的是脚踏实地地去做，去努力，而不是依靠投机取巧。

世界上最伟大的哲学家之一柏拉图正和他的学生走在马路上。这名学生是柏拉图的得意弟子之一。他很聪明，总是能在很短的时间之内领会老师的意思；他很有潜力，总是能提出一些具有独特视角的问题；他也很有理想，一直希望自己能够成为像老师一样伟大，甚至比老师还要博学的哲学家。所以他常常自视聪慧，不愿意在学识上多下工夫，自认为聪明能敌过他人的努力。

但是柏拉图认为他还需要生活的历练，还需要更加刻苦。柏拉图曾经语重心长地对这名学生说过一句话："人的生活必须要有伟大理想的指引，

第四章
水滴石穿，不懈攀登才能铸就辉煌人生

但是仅有伟大的理想而不愿意脚踏实地，一步一个脚印地朝着理想奋进，那也就不能称为完美的生活。"

这名学生知道老师是在教导自己要脚踏实地，但他认为自己比别人聪明，总能用一些技巧轻易地解决问题，自己的理想也比别人的更加伟大，所以只要自己想做的，总能轻易地取得成功。

柏拉图也相信这名学生能够做出一番大事业，但是他却只看到大目标而不顾脚下道路的坎坷以及自身的缺点。柏拉图一直想找一个合适的机会让学生自己意识到他的这一缺点。一天，柏拉图看到他们前面的不远处有一个很大的土坑，这个土坑周围还有一些杂草，平常人们只要稍加注意就可以绕过这个土坑，但柏拉图知道他的学生在赶路时经常不注意脚下。于是，他指着远处的一个路标对学生说，"这就是我们今天行走的目标，我们两个人今天进行一次行走比赛如何？"学生欣然答应，然后他们就开始出发了。

学生正值青春年少，他步履轻盈，很快就走到了老师的前面，柏拉图则在后面不紧不慢地跟着。柏拉图看到，学生已经离那个土坑近在咫尺了，他提醒学生"注意脚下的路"，而学生却笑嘻嘻地说："老师，我想您应该提高您的速度了，您难道没看到我比您更接近那个目标了吗？"

他的话音刚落，柏拉图就听到了"啊！"的一声叫喊——学生已经掉进了土坑里，这个土坑虽然没有让人受重伤的危险，但是它却足以使掉下去的人无法独自上来。

学生现在只能在土坑里等着老师过来帮他了，柏拉图走过来了，他并没有急着去拉学生，而是意味深长地说："你现在还能看到前面的路标吗？根据你的判断，你说现在我们谁能更快地到达目的地呢？"

聪明的学生已经完全领会了老师的意思，他满脸羞愧地说："我只顾着远处的目标，却没走好脚下的每一步路，看来还是不如老师呀！"

——摘自《成功等于1%的天赋加上99%的汗水》

是啊，如果一个人总是眼睛盯着高处，却不愿做好身边的事情，从低起步、没有本钱的你如何抢占先机，与同事、同行相比，如何能挤过那条地位提升的独木桥？只有走好脚下每步路，你才能基础扎实，才不会被同事比下去，才能在激烈的竞争中"杀出一条血路来"。

任何一个人的成功都不是靠空想得来的，只有踏踏实实一步一个脚印地去尝试、去体验，才能最终取得成功。如果你不能改掉眼高手低的坏毛病，那么，不但初入社会容易遭遇挫折，而且你以后的社会旅程也会布满荆棘。

在世界登山运动史上，被称为登山"皇帝"的梅斯纳尔创造了前无古人的壮举。他登临了14座8000米以上的高峰。更值得一提的是，他是唯一一个真正单人，不携带氧气设备，在季风后期攀登珠穆朗玛峰的人。

外人看来，梅斯纳尔每一次攀登，都是危机四伏的"死亡之旅"。在海拔8000米的高度上，人类的生理机能将会发生紊乱，继续向上攀登，大多数普通的登山者会因为空气稀薄而死亡。令人不可思议的是，梅斯纳尔不借助任何设备，把那些神秘莫测、险象环生的世界高峰轻松地踩在脚下。

在梅斯纳尔之前，那些登临高峰的人们，无一例外借助众多身强力壮的当地向导携带一套又一套繁重的登山绳索和氧气瓶之类的工具，并逐步建立高山营地。但是在梅斯纳尔的登山生涯中，他依靠的仅仅是自己。由此，人们又不无疑问，梅斯纳尔何以能够依靠的仅仅是自己？

梅斯纳尔和他登山的方式令登山爱好者们着迷。是不是梅斯纳尔独赋异禀？瑞士医生奥斯瓦尔多·奥尔兹通过测试认为："与一般登山者相比较，梅斯纳尔的生理机能并没有任何超常之处。"

无数人从不同的角度探寻着梅斯纳尔成功的秘诀。最终还是梅斯纳尔自己揭开了谜底。梅斯纳尔的秘密就是：从低处开始。一般的登山运动者将目标选定之后，为了保存体力，都会选择乘直升机抵达山前的最后一个小镇，而成与败的关键恰恰在此。直接乘直升机抵达大本营对于身体的调节是不利的,这种看似直达目的地的方式,忽略了身体机能与环境磨合的契机。与此相反,梅斯纳尔坚持徒步到大本营,从低处就开始调节身体,调节呼吸的节奏来应对空气密度的改变。选择低处作为出发点,正是梅斯纳尔独特的经验和智慧。

——摘自《成功没有捷径》

从低处开始,是登高必不可少的环节。注重,抑或忽略,将成为成功与否的推手或瓶颈。从低处开始,不仅仅是规则,更重要的是心态。所以,要想获得成功,就必须先去掉身上的浮躁之气,培养起务实的精神,从低处开始做起,扎扎实实打好基础。基础打好了,你事业的大厦才可能拔地而起。

戒掉浮躁之气并不困难,只需把自己看得笨拙一些。这样你就很容易放下什么都懂的假面具,有勇气袒露自己的无知,毫不忸怩地表示自己的疑惑,不再自命不凡、自高自大,培养起健康的心态。这有利于更快更好地掌握处理业务的技巧,提高自己的能力,还能给上司和同事留下勤学好问、严谨认真的好印象。

拥有笨拙精神的人,可以很容易地控制自己心中的激情,避免设定高不可攀、不切实际的目标,不会凭着侥幸去瞎碰,也不会为了潇洒而放纵,而是认认真真地走好每一步,踏踏实实地用好每一分钟,甘于从不起眼的小事做起,并能时时看到自己的差距。

此外,还要切忌急于求成。事业的成功需要一个水到渠成的过程,急于求成可能导致功败垂成。人的成长是需要一个过程的,这个过程不是任何文凭、学位可以缩短或替代的,否则就会出现断层,就会成为空中楼阁。

"没有人能随随便便成功",这是一句歌词,也是一条真理。"随便"是指空想、浮躁,只有去掉这些,发扬务实的精神,万丈高楼才能拔地而起。初入社会是一个人的品质和生涯定格的时期,如果你能在这个时

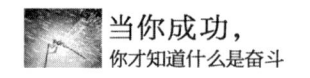

期树立起务实的精神，扎扎实实地练就基本功，那么还有什么能阻碍你成功呢？

一个人拥有智慧的头脑是值得骄傲的，但是聪明并不代表着一切，聪明是天赋，是先天的优势，但是成功却需要付出勤劳和汗水。倘若你比他人有天赋，那也并不代表着成功，如果仅仅想要依靠聪明的天赋来成就一番事业，而不愿意脚踏实地、勤奋努力地做事，即使有再高的天赋也是无用的。想一步登天，成功就会跑得比你更快，你永远都追不上。

用汗水浇灌成功之花

成功是勤奋和汗水的结晶,不付诸行动,是不能拥抱成功的。真正的成功是一个将勤奋和努力融入每天的学习和生活中的过程,天明该出发了,就不要再睡懒觉,否则留给自己的只有掉队、被淘汰和无尽的后悔。

学会等待的同时,更应学会耕耘、学会培育,当果子没有成熟的时候,更应勤于浇水施肥。天上掉不下馅饼来,只有汗水和艰辛才会孕育累累的硕果,也只有付出劳作的人们才能真正有所收获。

纵观中国千年的历史,真正功成名就的人,都有一段默默无闻的艰苦奋斗的过程。我们今天在看到他们给我们留下的赫赫功绩、绝美华章的同时,也应该看到他们始终如一、不懈奋斗的精神。

王羲之自幼酷爱书法,几十年来锲而不舍地刻苦练习,才使他的书法艺术达到了超逸绝伦的高峰,被人们誉为"书圣"。

王羲之13岁那年,偶然发现他父亲藏有一本《说笔》的书法书,便偷来阅读。他父亲担心他年幼不能将家传保密,答应待他长大之后再传授。没料到,王羲之竟跪下请求父亲允许他现在阅读,他父亲很受感动,终于答应了他的要求。

王羲之练习书法很刻苦,甚至连吃饭、走路都不放过,真是到了无时无刻不在练习的地步。没有纸笔,他就在身上画写,久而久之,衣服都被

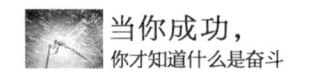

划破了。他有时练习书法达到忘情的程度。一次，他练字竟忘了吃饭，家人把饭送到书房，他竟不假思索地用馒头蘸着墨吃起来，还觉得很有味。当家人发现时，他已是满嘴墨黑了。

王羲之常临池书写，就池洗砚，时间长了，池水尽墨，人称"墨池"。现在绍兴兰亭、浙江永嘉西谷山、庐山归宗寺等地都有被称为"墨池"的名胜。

——摘自《酷爱书法，苦练成才》

渴望成功、追求成功是每个人的向往和目标，但是在如何成功的认识上，各人却有着不同的见解。例如，在招聘、培训和人事管理过程中，我们常常会听到这样的声音："如果我好好工作，一年中我会被提拔到管理岗位上吗？""这样的工作太没劲，不能发挥我的专业才能。""我是大学生，领导就应该重视我。"……其实，这些话语都是逃避的表现，很多人认为成功决定于一时，所以把短期的成就适用于永远，殊不知今天的成就是因为昨天的积累，明天的成功则有赖于今天的努力。无论是谁都没有短时间创造奇迹的力量，都需要日复一日的积累。

诸葛亮少年时代也是勤奋好学之人。他师从水镜先生司马徽，不但司马徽赏识，连司马徽的妻子对他也很器重，喜欢这个勤奋好学、善于用脑子的少年。那时，还没有钟表，计时用日晷，遇到阴雨天没有太阳，时间就不好掌握了。为了计时，司马徽训练公鸡按时鸣叫，办法就是定时喂食。为了学到更多的东西，诸葛亮想让先生把讲课的时间延长一些，但先生总是以鸡鸣为准，于是诸葛亮想：若把公鸡鸣叫间隔的时间延长，先生讲课的时间也就延长了。于是他上学时就带些粮食装在口袋里，估计鸡快叫的时候，就喂它一点粮食，鸡一吃饱就不叫了。

过了一些时候，司马先生感到奇怪，为什么鸡不按时叫了呢？经过细心观察，发现诸葛亮在鸡快叫时给鸡喂食。先生开始很恼怒，但不久还是被诸葛亮的好学精神所感动，对他更关心、更器重，对他的教育也就更毫无保留，而诸葛亮也就更勤奋了。通过努力，他终于成为一个上知天文、下识地理的一代饱学之人。

——摘自《诸葛亮少年时代的故事》

只有怀有一颗好学的心,依靠自己的长期努力,才能真正地成为一个成功的人。

成功其实并不是通过片刻的呵护就能绽放芳香的花朵。很多时候,我们惊叹于别人创造出的奇迹,但其实,奇迹的另一个名字是努力,如鲁迅说的"哪里有天才,我只是把别人喝咖啡的工夫都用在工作上。"其实,一个人成功的背后往往都是一部血泪史。

司马迁梦想著成一部"究天人之际"的史书,詹天佑执著于建造一条中国人自己的铁路,周恩来立志"为中华崛起而读书",他们不仅仅是梦想家,更是实干家。于是《史记》流传千年仍熠熠生辉;京张铁路在世人惊叹的目光中建成通车;中国也摆脱了百年的耻辱,以新生的姿态傲然立于世界。如果没有努力,那他们的梦想只是镜中花、水中月罢了。

温总理在哈佛大学的演讲中提到"仰望星空与脚踏实地",梦想必不可少,它为我们树立奋斗的目标;而"脚踏实地"更为重要,我们应一步步朝梦想走下去,矢志不移,将坎坷踏成坦途,用汗水浇灌梦想之花,迎接成功的朝阳。

当你成功，
你才知道什么是奋斗

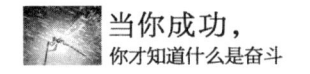

投机取巧将一事无成

每个人都渴望有属于自己的成就，希望自己被人瞩目，但是成功并不是一蹴而就的，而是需要不懈的努力。大多数人往往在成功的路途上，不能静心以待，不能坚持，而走了投机取巧之路。这样看似是一种聪明，实际上却是真糊涂。有些人默默努力，看似性情愚钝，却是真正的大智若愚。

战国时候，齐国的国君齐宣王爱好音乐，尤其喜欢听吹竽，手下有300个善于吹竽的乐师。齐宣王喜欢热闹，爱摆排场，总想在人前显示做国君的威严，所以每次听吹竽的时候，总是叫这300个人在一起合奏给他听。

有个南郭先生听说了齐宣王的这个癖好，觉得有机可乘，是个赚钱的好机会，就跑到齐宣王那里去，吹嘘自己说："大王啊，我是个有名的乐师，听过我吹竽的人没有不被感动的，就是鸟兽听了也会翩翩起舞，花草听了也会合着节拍颤动，我愿把我的绝技献给大王。"齐宣王听得高兴，不加考察，很痛快地收下了他，把他也编进那支300人的吹竽队中。

这以后，南郭先生就随那300人一块儿合奏给齐宣王听，和大家一样享受着优厚的待遇，心里得意极了。

其实南郭先生撒了个弥天大谎，他压根儿就不会吹竽。每逢演奏的时候，南郭先生就捧着竽混在队伍中，人家摇晃身体他也摇晃身体，人家摆

第四章
水滴石穿，不懈攀登才能铸就辉煌人生

头他也摆头，脸上装出一副动情忘我的样子，看上去和别人一样吹奏得挺投入，还真瞧不出什么破绽来。南郭先生就这样靠着蒙骗混过了一天又一天，不劳而获地白拿薪水。

可是好景不长，过了几年，爱听竽合奏的齐宣王死了，他的儿子齐湣王继承了王位。齐湣王也爱听吹竽，可是他和齐宣王不一样，认为300人一块儿吹实在太吵，不如独奏来得悠扬逍遥。

于是齐湣王发布了一道命令，要这300个人好好练习，做好准备，他将让他们一个个地轮流来吹竽给他欣赏。乐师们知道命令后都积极练习，想一展身手，只有那个滥竽充数的南郭先生急得像热锅上的蚂蚁，惶惶不可终日。他想来想去，觉得这次再也混不过去了，只好连夜收拾行李逃走了。

——摘自《滥竽充数典故》

像南郭先生这样不学无术，靠投机取巧混饭吃的人，骗得了一时，骗不了一世。假的就是假的，最终逃不过实践的检验而被揭穿伪装。想要成功，唯一的办法就是勤奋学习，只有练就一身过硬的真本领，才能经受得住一切考验。要知道，耍小聪明、投机取巧的结果，往往是自己害了自己。

有些人本来具有出众的才华，很有培养前途，但因为在做学生时没有养成精益求精的好习惯，后来也就无法谋取一个较好的职位。生活中的各种实例生动地证明了这样一个道理：无论事情大小，如果总是试图投机取巧，可能表面上看来会节约一些时间和精力，但结果往往是浪费更多的时间、精力和钱财。

一旦养成投机取巧的习惯，一个人的品格会大打折扣。做事不能善始善终的人，其心灵亦缺乏相同的特质。他因为不会培养自己的个性，意志无法坚定，因此无法实现自己的任何追求。一面贪图享乐，一面又想修道，自以为可以左右逢源的人，不但享乐与修道两头落空，还会悔不当初。

一位作家曾经写过这样一个值得我们思考的故事。

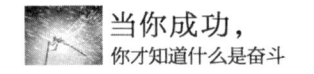

有一个好吃懒做的人，他成天想着如何不费力气就能发大财，但事实上他的日子一直很贫穷。

有一天，他在一本破烂不堪的古书上看到一篇记载，说的是在南太平洋的一个小岛上生活着一种人，这种人长得和现代人十分相似，唯一不同的是他们只有一只眼睛。看到这篇记载，他兴奋不已，心想："如果能抓到一个这样的人，然后每天带他到街上去展览一番，向参观的人收一定的费用，这样就可以赚很多很多的钱！"于是，他就策划着如何抓住这样一个人。

有一天，他一个人划着小船来到这个小岛上。到了小岛，那里有房屋，有街道，也有商店，还有展览馆，一切和现代社会无异，如古书上所说，这里所有的人都长着一只眼睛。于是他躲藏在暗处，准备趁机抓住一个独眼人，然后带回去，那样他就可以发大财了。可是，没想到他自己却被岛上的人发现了，那些独眼人看见他，就像看见一个怪物一样，他们从来没有见过长着两只眼睛的人。

他们好奇地把他抓了起来，放在展览馆里供人们观看。展览馆的生意火爆异常，抓住他的那些人靠这个长着两只眼睛的人成了百万富翁。

——摘自《投机取巧失败之懒汉的发财梦》

这个可怜的懒汉后悔自己来到这个太平洋的小岛上，他本以为自己很聪明，没想到却落到这个地步，早知今日又何必当初呢？没想到自己反倒成了别人的摇钱树。

可见，投机取巧并不能使我们成功，反而会使我们走下坡路。最后，自己却是竹篮子打水——一场空。古罗马人有两座圣殿：一座是勤奋的圣殿；另一座是荣誉的圣殿。他们在安排座位时有一个秩序，就是必须经过前者，才能到达后者。勤奋是通往荣誉的必经之路，那些试图绕过勤奋去寻找荣誉的人，总是被排斥在荣誉的大门之外。

投机取巧会使人堕落，无所事事会令人退化，只有勤奋踏实地工作才是最高尚的，才能给人带来真正的幸福和乐趣。也许下面的寓言能真正地打动我们的心，让我们懂得切勿投机取巧，要学会踏实地去生活。

陕西省有个三原县，三原县有条盐店街，盐店街有只小毛驴，小毛驴给主人干活。从大东南的海边运来盐，再给大西北的边疆送去布匹。走一趟要走几千里路，用大半年时间。

小毛驴对主人抱怨说："我从大东南的海边运来盐，又要给大西北的边疆送去布。我太辛苦了，我太可怜了。"

主人说："小毛驴，好好干吧，我不会亏待你，我给你吃好点心，给你喝好饮料。"

但是小毛驴还是有意见。有一次，它又跟许多毛驴一起去海边运盐。它驮了一大袋盐，觉得很沉重。它走啊走啊，越走越慢，走在驴队的最后，不小心掉到小河里。

它在小河里游啊游，觉得自己背上的盐越来越轻了。原来，袋里的盐遇到水溶化了，剩了小半袋。

它上了河岸，很轻快地赶上驴队。一路上轻悠悠的，好舒服啊。小毛驴很得意，觉得自己是一头最聪明的驴。

它把自己掉到小河里的体会告诉驴队里的老毛驴。

老毛驴说："我们不远万里，把盐从海边运到关中，你把一多半盐丢到河里了，多可惜啊。以后千万要小心啊。"

主人看到小毛驴，问小毛驴伤着了没有。

小毛驴说："对不起，我不是故意的。"

主人说："没关系，以后小心点。"

后来，小毛驴又跟着驴队去大西北送布。一大捆布匹好沉啊。这一次小毛驴有主意了，聪明的它想要投机取巧。它想起了运盐时掉在小河里的经验。它想，找个小河沟，跳下去，泡一泡，一定能减轻身上的负担。它又见到一条小河，就毫不犹豫地跳了下去。它在河里游啊游，谁知不但没有变轻，反而越游越重。它觉得自己驮不动了，它大喊："啊，啊，啊！救命啊！"主人把它拉上了岸。主人骂这头小毛驴："你这头蠢驴，为什么又

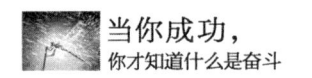

掉到河里去了？该不会是故意的吧！"

主人先把布匹放在岸上，布匹里的水流出了许多。然后又把布匹放在毛驴的背上。小毛驴很吃力地把布匹驮起来。

小毛驴驮着沉重的布匹，走上了去边疆的漫漫长途。一路上，小毛驴后悔极了，心想以后再也不投机取巧了。

——摘自《尖尖和小毛驴故事十二：投机取巧的小毛驴》

我们希望每个人都是勤奋的，而不是投机取巧的。因为，投机取巧的人只会得到一时风光而不是永远的成功。一位先哲说过："如果有事情必须去做，便积极投入去做吧！"另一位明师则道："不论你手边有何工作，都要尽心尽力地去做！事无大小，竭尽心力，力求完美，是成功者的标记。"

大凡有所作为之人，都是那些踏踏实实把事情做好的人，他们不会投机取巧，正是因为这样，他们才一点一滴进步着，最后取得了成功！

做好计划，一步一步实现它

要成为一个卓越的员工，就必须在明确了任务之后，对需要执行的每一步都做好准备。一项工作可能需要许多步骤来完成，那么同样地，为这项工作所做的准备也需要按每个步骤来做。也就是说，你必须为自己的每一步都做好准备，从而确保每一步工作都有效完成，并为最终完成整个工作做好准备，每一步的有效相加才能有最后的成果。

曾经有一位63岁的老人从美国的纽约市步行到了佛罗里达州的迈阿密市。一位记者采访了他，记者想知道，遥远路途中的艰难是否曾经吓倒过他？他是如何鼓起勇气，徒步旅行的？老人答道："其实很简单，我所做的就是朝着平坦的地方先走了一步，然后站稳，再朝着平坦的地方迈下一步。就这样，我就到了这里。"

提前做好行动的计划，遇事时才可从容不迫。卡耐基说过："让准备成为一种习惯吧，它会使你受益无穷！不为明天做准备的人永远不会有未来。"现在，让我们一起分享一个小故事，或许它比一板一眼的说教更能使你领会到计划的重要性。

1976年的冬天，19岁的杰克在休斯敦大学主修计算机。他是一个狂热的音乐爱好者，同时也具有一副天生的好嗓子，成为一个音乐家是他一生中最大的目标。因此，只要有多余的一分钟，他也要把它用在音乐创作上。

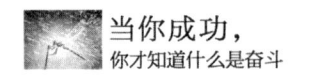

杰克知道写歌词不是自己的专长，所以又找了一个名叫玛丽的年轻人来合作。玛丽了解杰克对音乐的执著。然而，面对那遥不可及的音乐界及整个美国陌生的唱片市场，他们一点儿渠道都没有。

在一次闲聊中，玛丽突然从嘴里冒出了一句话："想象你5年后在做什么？"

杰克还来不及回答，她又抢着说："别急，你先仔细想想，完全想好，确定了再告诉我。"

杰克沉思了几分钟，开始说："第一，5年后，我希望能有一张唱片在市场上，而这张唱片很受欢迎，可以得到大家的肯定；第二，5年后，我要住在一个有很多很多音乐家的地方，能天天与一些世界一流的音乐家一起工作。"

玛丽听完后说："好，既然你已经确定了，我们就把这个目标倒过来看。如果第五年，能有一张唱片在市场上，那么你的第四年一定是要跟一家唱片公司签上合约。

"那么你的第三年一定是要有一个完整的作品，可以拿给很多很多的唱片公司听，对不对？

"那么你的第二年，一定要有很棒的作品开始录音了。

"那么你的第一年，就一定要把你所有要准备录音的作品全部编曲，排练好。

"那么你的第六个月，就是要把那些没有完成的作品修饰好，然后让你自己可以一一筛选。

"那么你的第一个月，就是要把目前这几首曲子完工。

"那么你的第一个礼拜，就是要先列出一个清单，排出哪些曲子需要修改，哪些需要完工。"

玛丽一口气说完了上述的这些话，停顿了一下，然后接着说："你看，一个完整的计划已经有了，现在你所要做的，就是按照这个计划去认真地准备每一步，一项一项地去完成，这样到了第五年，你的目标就

第四章
水滴石穿，不懈攀登才能铸就辉煌人生

实现了。"

说来也奇怪，恰好是在第五年，1982年时，杰克的唱片开始在北美畅销起来，他一天24小时几乎全都忙着与一些顶尖的音乐高手在一起工作。

——摘自《准备好行动的每一步》

这中间的道理大家应该都明白了：不管做什么事情，光有目标还是不够的，必须有一个详细的计划，然后把计划中的每一步准备好，接下来的事情就很简单了，只要一步一步地去完成就行了。当你把最后一步完成的时候，你就会发现，目标已经实现了。

但是，我们在执行计划时常常难免被各种琐事、杂事所纠缠。有不少人由于没有掌握高效能的准备方法，而被这些事弄得筋疲力尽、心烦意乱，总是不能静下心来去做最该做的事；或者是被那些看似急迫的事所蒙蔽，根本就不知道最应该做的事是什么。结果白白浪费了时间和精力，致使执行效率不高，效果不显著。

上述的这种情况曾经是伯利恒钢铁公司总裁舒瓦普感到非常头疼的事，他请来了效率专家李·艾米对企业进行诊断。

总裁介绍说："我们都知道自己的目标和计划，但不知怎样才能更好地执行。"

李·艾米表示：让他与公司每位经理谈5分钟，他即可改善公司的工作效率，增加公司的销售额。

舒瓦普问："我要花多少钱？"

李·艾米说："您不用马上给我钱，等你认为有效果了，你觉得该值多少钱，寄张支票给我就行了。"

舒瓦普同意了，于是李·艾米与每位经理都谈了5分钟。谈话的内容很简单，李·艾米只要求他们在每日工作终了时，将次日需完成的6件最重要的工作写下来，并依重要性顺序编号。次日早晨从表上的第一件工作开始，每完成一项便将它从表上划去，若有当日没完成的工作，则必须列入次日的表中。每位经理须切实执行3个月。

当你成功，
你才知道什么是奋斗

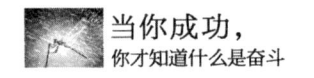

整个会见历时不超过1个小时。几个星期之后，李·艾米收到了一张3万美元的支票和一封信。舒瓦普在信中说，从钱的观点上看，那是他一生中最有价值的一课。

——摘自《让准备成为一种习惯》

李·艾米也给我们上了一课，他使我们意识到，在你开始每天、每周、每月甚至每年的工作之前，一定要清楚在这期间你要做的最重要的事是什么，并把它清清楚楚地列出来。这样的准备工作才是最有效的。如果你不知道怎么区别重要事务和次要事务的话，其实，还有一个简单的判断方法：你将要做的，是否使你离目标更近？

看完了上面的这些故事，你会怎样做呢？也许处于现代企业中的你，每天要处理大量的工作，为了使自己游刃有余，不成为工作的奴隶，你就必须保证每一步工作的正确性。否则，一步错误就会使全盘工作乱套。那如何才能保证这一点呢？

方法是像最开始提到的那位老人一样，有计划地一步一步地去工作，并为自己的每一步都做好准备。只有为自己的每一步工作都做好详细的计划，你才能使事情按你的预定轨道发展，并在问题或者危机出现之前就可以消灭它。你的充足准备可以让你从容应对各种意外的出现，而不至于阻碍你向目标靠近。

勤奋努力，不懈攀登

踏上成功之路就如同登山一样，唯有不懈攀登，才能一步步靠近峰顶。"一览众山小"的杰出人士的成功其实也是由勤奋得来的。不管你天赋如何，背景怎样，"勤"在你走向杰出的过程中，始终不可缺少。勤奋是杰出之人成功的秘诀，也是所有想实现理想的人必须具备的素质。

在泰国，流传着这样一个关于勤奋的故事。

有一位一心想成为大富翁的年轻人，他认为成功的捷径便是学会炼金术。于是他把全部的时间、金钱和精力都用在了炼金术上。不久，他用光了自己的全部积蓄，家中变得一贫如洗，连饭也吃不上了。

妻子无奈，跑到父母那里诉苦，她父母决定帮女婿摆脱幻想。他们对女婿说："我们已经掌握了炼金术，只是现在还缺少炼金的东西。""快告诉我，还缺少什么东西？"年轻人迫不及待地追问道。"我们需要3公斤从香蕉叶下收集起来的白色绒毛，这些绒毛必须是你自己亲自种下的香蕉树上的，等到收完绒毛后，我们便告诉你炼金的方法。"

年轻人回家后立即将已经荒废多年的田地种上了香蕉，为了尽快凑齐绒毛，他除了种自家以前就有的田地外，还开垦了大量的荒地。

当香蕉成熟后，他小心地从每片香蕉叶下搜刮白绒毛，而他的妻子和亲人则抬着一串串香蕉到市场上去卖。就这样，10年过去了，他终于收集

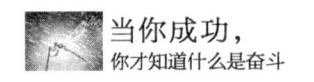

够了3公斤的绒毛。这天，他一脸兴奋地提着绒毛来到岳父母家，向岳父母讨要炼金之术。岳父母让他打开了屋里的一个箱子，他立即看到满满的黄金。妻子站在边上告诉他，这些金子都是用他10年来所种的香蕉换来的。面对满屋实实在在的黄金，年轻人恍然大悟。从此，他努力劳作，终于成了一位富翁。

——摘自《容易掌握的炼金术》

在现实生活中，人人都有梦想，都渴望成功，都想学会炼金术。其实，成功的捷径就是勤奋。我们要时刻提醒自己："成事在勤，谋事忌惰。"纵然我们有黄金万两，若坐吃山空，总会有穷困的一天。唯有勤奋才是永不枯竭的财源。

那些无论做什么事都舍不得花力气的人是可悲的，原本他们也可以成为一个杰出者，也可以抵达辉煌的顶峰，只是由于不肯付出，他们失去了这一切荣耀，只能庸庸碌碌地过一生。如果想有所作为，我们就一定要让勤奋常伴身边。

我国著名的数学家华罗庚一生成就很大，写出了许多著名的数学定理。而很多人都不知道华罗庚只读过初中，根本没上过大学。他的成功靠的是勤奋、刻苦地自学。华罗庚原来也很调皮、贪玩，但他很有数学才能，经常在课上回答出许多同龄人不会的数学题。

可是，这么有才能的一个聪明的孩子却在念完初中时失学了。家中贫穷，没有办法再供他上学。此后，他回到了家里，在自家的小杂货店做生意，卖点香烟、针线之类的东西，替父亲挑起了养活全家的担子。

然而，在华罗庚的心中依然放不下数学，依然酷爱数学。不能上学，就自己想办法学。一次，他向一位老师借来了几本数学书，一看，便着了魔。从此他一边做生意一边学数学，有时看书入了神，连客人都忘了招呼。傍晚，店铺关门以后，他更是一心一意地在数学王国里漫游。一年到头，几乎每一天他都要花十几个小时来钻研数学，有时甚至连觉都不睡了。还有时候，睡到半夜，想起一道数学难题的解法，他准会翻身起床，点亮小油灯，把解法记下来。

而后来，他却患上了伤寒病，经过半年的治疗，总算活了下来，但左脚却终生残疾了。而华罗庚并没有因为病痛而停止对数学的研究，他躺在床上，写出了许多著名的数学定理。在不懈的奋斗下，他终于成为了举世闻名的数学家。

——摘自《勤奋铸就成功》

没有"一蹴而就"的成功，也没有"一夜爆红"的明星，更没有"一夜暴富"的大亨，天上不会掉馅饼，如果掉馅饼那也是个铁饼，会把人砸死。很多时候，我们只能看到别人成功的光环，却没有看到别人在这层光环之下所付出的努力。

一个人的出身、父母、长相是无法选择的，但命运却牢牢地握在了自己的手中。所谓的"低贱"和"高贵"，关键就在于这个人怎么去面对这个社会，怎么去面对自己的人生。高贵之人都在确定一个目标之后，坚持不懈地朝着这个目标去前进，用勤劳的双手和聪慧的大脑为自己创造一个又一个奇迹。

不惜力者有人敬

出身贫寒又如何？只要心怀梦想，不懈努力，实现目标，照样可以活得很精彩。只有无止境地追寻，才能到达成功的理想境界，领略无限风光。即使天生愚钝的人，只要真诚地投入到工作中去，笨鸟先飞，也能创造出人间奇迹。

1931年，15岁的王永庆小学毕业后，因家境贫寒，不得不辍学回家。他本想在家乡找一个帮工的活儿，挣些钱补贴家用。但他花了很大的力气也没有找到，不得已，只好背井离乡，到了粮食集散地嘉义，在一家米店当了小工。

一年之后，王永庆已全部掌握米店经营的奥妙，于是他让父亲给他借来200元钱，自己在嘉义开了一家很小的米店。开始时，因他的米店铺面小，地方偏僻，又没有知名度，很少有人光顾。为打开销路，王永庆想起父亲常说的一句古训："不惜钱者有人爱，不惜力者有人敬。"他没钱，唯一能做的是不吝惜时间和力气。

那时候，稻谷加工非常粗糙，大米里有不少糠谷、沙粒。这种现象非常普遍，买家卖家都习以为常。王永庆就以此为突破口，下大力气改善米的质量，筛簸米中的砂石、米糠，使自己的米纯净质优。同时，王永庆还改善服务质量，不但送米上门，而且还放米进缸，帮顾客腾清、洗刷米

第四章
水滴石穿，不懈攀登才能铸就辉煌人生

缸，把新米放下层、陈米放上层。他做每一件事情都非常认真，就像给自己家干活儿一样，有时候让顾客都很受感动。另外，王永庆还有一个小本子，上面详细记载了顾客家米缸的容量、人口以及月用米量的多少等，他估计顾客米该快吃完时，就主动将米送去。这样，时间一长，人们都认可了王永庆的米店，说他的米店质量优良，服务周到，信誉最佳。于是，他的米店的生意兴隆起来。

王永庆开米店之初，每天只能卖一包米，一年后每天可卖十几包米。他挣的全是辛苦钱，利润非常低，每包米只挣一毛二分钱。

稍有积蓄后，王永庆又开了一个碾米厂。他隔壁是一家日本人开的碾米厂，其设备、经验都比他优越，但王永庆以勤补拙，每天早开工晚收工，比日本碾米厂多开工四个半小时。这样，他的碾米厂取得了很好的成绩，在嘉义米行中有口皆碑。永庆米行在嘉义20多家米行中排在了第3位，而他隔壁日本人的米行排在第4位。

抗日战争期间，因粮食实行配给制，王永庆无米可卖，于是转行经营木材。日本投降后百业待兴，王永庆经营的木材业得到了发展的契机，到1946年，他积累的资本已达到5000万元台币。

在20世纪50年代初，王永庆开始经营塑胶产业。他以大无畏的开拓精神，在塑胶产业中获得了令世人震惊的业绩。根据台湾《天下杂志》的调查，王永庆开创的台塑集团已是台湾各企业集团的龙头老大，拥有员工近7万人，营业额近3800亿元新台币；台塑集团六轻厂完工投产后，乙烯产能将超过日本、韩国的各大厂家，居亚洲第一，跻身全球十大厂之列。他的竞争对手也不得不由衷地佩服王永庆，称他为台湾的"经营之神"。由此，王永庆还获得了"胶塑大王"的美誉。

1975年1月，美国圣约翰大学赠给王永庆荣誉博士学位，他在仪式上说："我幼时无力进学，长大时必须做工谋生，也没有机会接受正式教育，像我这样一个身无专长的人，永远感觉只有吃苦耐劳才能补己之不足。"

——摘自《从小职员到世界船王，马云前最伟大的浙江商人》

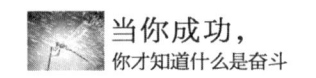

捷克大教育家夸美纽斯说:"勤奋可以克服一切障碍。"只要勤奋努力,就能战胜遗传的缺陷,克服自身的弱点。天资聪敏者的优势,往往只在某个方面。而所谓素质差,也仅仅是指某个方面。只要进行反复训练,勤奋努力,就能消除这方面的差距,同样也可以有所作为。

勤能补拙。俗话说得好:"不惜力者有人敬。"只要你不投机取巧,只要你辛勤工作,你一定会到达光辉的彼岸。

不过"万事开头难",只要你下决心开始行动,那么,成功也离你不远了。在这世上,但凡成功人士都有深刻体会:事业在起步之初是异常艰难的。正因为如此,当自己的事业有所起色时,他们不会眼高手低,而是以"稳健中求发展、发展中求稳健"的观念指导自己,从而一步步使自己的事业走向辉煌。

"世界船王"包玉刚出生在浙江宁波一个小商人家庭,小时候受过良好的教育。13岁时,他父亲送他到上海求学。到上海不久,他进入了吴淞船舶学校。抗战爆发后,他辗转去了重庆。在那里,他没有依照父亲的意愿继续深造,而是跑到一家银行当了一名小职员。

1938年,包玉刚来到上海,在中央信托局保险部工作。凭着自己的努力和在银行里积累的经验,他在短短七年的时间内不断提升,从普通职员升到了衡阳银行经理、重庆分行经理,直到最后的上海市银行副总经理。但就在这时,他却辞职了,因为他对目前的工作没有兴趣。

1949年初,包玉刚与父亲携着数十万元的积蓄到香港闯天下。积攒了一些钱后,包玉刚决定在海洋运输业方面谋求发展。他一面继续游说父亲和其他家庭成员,一面详细了解有关船舶和航运的情况。

1955年,包玉刚顺利成立了"环球航运集团有限公司",并与日本一家船舶公司谈妥,将"金安号"转租给这家公司,采取的是长期出租的方式。在众多同行眼中,包玉刚的这种做法是不可取的,因为短期出租不但能有较高的收费标准,而且随时可以提高运价。包玉刚之所以这样做,谋求的是长期而稳定的收入。他曾对人说:"我的座右铭是,宁可少赚钱,也不去冒险。"事实上,也正是这种经营方式使他最终坐上了"世界船王"的宝座。

为了能够使自己的航运事业迅速发展,包玉刚到处奔走,并最终与香港汇丰银行建立了借贷关系。在后来的无数次借贷合作中,包玉刚以诚信为本,取得了汇丰银行的信任和支持。再后来,包玉刚作为"亚洲第一人"荣任汇丰银行董事。

1956年,由于埃以战争爆发,苏伊士运河关闭,海运业务十分兴旺。有人劝包玉刚趁机大赚一笔,但包玉刚仍然在不提高租金的情况下为东南亚的老雇主运货,以避免与实力雄厚的西方船主直接竞争。几年后,战争结束,西方大批商船无事可干,且要耗费惊人的费用去维修、管理船只,而那时的包玉刚正安稳地立足于东南亚,业务蒸蒸日上。

20世纪60年代初期,包玉刚把他的租船业务扩展到英美石油公司。尽管这些大公司把价格压得很低,但因租期长,同样有利可赚。就这样,包玉刚稳中求胜,在海运这个充满风险的行业中脱颖而出。

1974年,闻名世界的希腊船王奥纳西斯在美国曾拜访了包玉刚,风趣地对他说:"虽然我搞船队比你早,但与你相比,我只是一粒花生米。"1980年,环球达到巅峰,船队船数超出200艘,总吨位达2000万吨。1975年,其总吨位达到2100万吨,比美国和前苏联所属船队的总吨位还要大,包玉刚无疑成为了名副其实的"世界船王"。

——摘自《从小职员到世界船王,马云前最伟大的浙江商人》

美国哈佛大学一位心理学教授指出,一个人在一生当中能否获得成功,智商的高低并不是决定性因素。许多事实已经证明,不少获得重大成就的人,智商其实并不高。他们的成功,主要靠后天的勤奋努力。爱因斯坦说:"天才和勤奋之间,我毫不迟疑地选择勤奋,它几乎是世界上一切成就的催产婆。"这句话,应当成为我们每个人的座右铭。

你也许还是觉得光凭勤奋,不一定能够完成一件了不起的工作,因为你不是天才。其实不然,真正形成天才的决定因素就是勤奋。化学元素周期表的发明者门捷列夫说:"终生努力,便成天才。"文学家高尔基

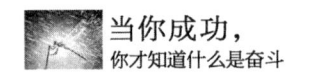

也明确指出:"天才就是勤奋。人的天赋就像火花,它可以熄灭,也可以燃烧起来,而威逼它燃烧成熊熊大火的方法只有一个,就是勤奋、勤奋、再勤奋。"

退一步说,即使我们未必是"千里马",但是可以通过"老黄牛"精神,取得一样惊人的成绩!所谓"千里马",古人称为"千里足",是指一种灵活快速、日驰千里的良马。人们常常也用它来比喻一个人的聪明才干,尤其指智略干练的王佐之才。这种才干的确是人们建立功业的宝贵条件。所谓"老黄牛精神",主要就是指刻苦奋斗精神——坚韧不拔、埋头苦干、顽强拼搏的"牛劲"。正是这种"牛劲",使人们能够在艰巨的工作中,永远坚定乐观,开拓前进。我们不一定都有"千里马"之才,但是,勤能补拙,老天也会被感动的,甚至就像丑小鸭可以成为白天鹅一样,甘心不断磨砺自己的老黄牛,也终有一天会成为千里马!

所以,成功没有捷径。聪明才智不可恃,点滴累积才是成功的要诀。笨鸟先飞早入林,早起的鸟儿有虫吃!正像蝉联三次世界篮球冠军的天才教练蓝帕第说的那样:"任何一位顶天立地、有作为的人,不管怎样,最后他的内心一定会感谢刻苦的工作与训练,他一定会衷心向往训练的机会。"

持之以恒，才能抵达成功彼岸

无论什么时候，一个人都要在精神上不断地鼓励自己。什么事情都有可能发生，要想实现自己的人生梦想，走向人生的新境界，就必须首先从坚持做起。诗人汪国真说："没有比脚更长的路，没有比人更高的山。"这句话虽然讲得抽象，但并不能掩盖它的哲理。因为路再长，也有走完的时候；山再高，也有登上的时候。

然而，我们能否成功地走到路的尽头，登上山的顶峰呢？如果能的话，我们又该凭借什么呢？伏尔泰说得好："要在这个世界上获得成功，就必须坚持到底——剑至死都不能离手。"

无论做什么事情，贵在坚持。然而，又有多少人因为从来没有坚持过或半途而废而抱憾终身呢？可以说，数不胜数。之所以会如此，是因为在这个世界上，绝大多数的成功都不会一帆风顺。要想取得成功，必须要经受得住各种各样的考验。经受住一次考验，或许很多人都能够做到。但要经受住接二连三的考验，估计能够做到的人少之又少。正是因为有些人不能坚持下去，没有跨过那一步之遥，导致自己与他人的境遇出现了天壤之别，以致后悔或抱憾终身。

1905年，洛伦丝·查德威克成功地横渡了英吉利海峡，因此而闻名于世。两年后，她从卡德那岛出发游向加利福尼亚海滩，想再创一项前无古

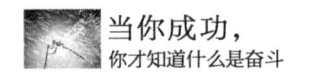

人的纪录。

那天，海上浓雾弥漫，海水冰冷刺骨。在游了漫长的16小时之后，她的嘴唇已冻得发紫，全身筋疲力尽，而且一阵阵战栗。她抬头眺望远方，只见眼前雾霭茫茫，仿佛陆地离她十分遥远。现在还看不到海岸，看来这次无法游完全程了。她这样想着，身体立刻就瘫软下来，甚至连再划一下水的力气也没有了。"把我拖上去吧！"她对陪伴她的小艇上的人挣扎着说。"咬咬牙，再坚持一下，只剩下一英里远了。"艇上的人鼓励她。"你骗我。如果只剩一英里，我早就应该看到海岸了。把我拖上去，快，把我拖上去。"

于是，浑身瑟瑟发抖的查德威克被拖了上去。小艇开足马力向前驰去，就在她裹紧毛毯喝一杯热汤的工夫，褐色的海岸线就从浓雾中显现出来，她甚至都能隐约看到海滩上欢呼等待她的人群。此时她才知道，艇上的人并没有骗她，她距成功确确实实只有一英里。

——摘自《首钢日报》

"行百里者半九十。"最后的那段路，往往是一道最难跨越的门槛。其实每一个人的一生中，无论工作或生活，都会或多或少地出现这样或那样的极限环境。有的时候就需要那么一点点毅力，一点点坚持，成功就能触手可及，而不是充满遗憾地与成功擦肩而过。

考验一个人是否有勇气，往往不是只看他敢不敢去死，而是要看他敢不敢在最艰难的时候活下去。要想成功，就必须要有坚持下去的勇气。

史泰龙的父亲是一个赌徒，母亲是一个酒鬼。父亲赌输了，就会拿他和母亲出气；母亲喝醉了，同样在他身上发泄。在这样的家庭环境下，史泰龙常常鼻青脸肿、皮开肉绽。在家中得不到任何温暖的他渐渐地对学习失去了兴趣，高中辍学后便在街头当混混。

直到20岁的时候，一件偶然的事刺激了他。他开始反思并告诉自己："不能，不能这样做。如果这样下去，和父母岂不是一样吗？成为社会的垃圾，人类的渣滓，带给别人、留给自己的都是痛苦。不行，我一定要成功！"

第四章
水滴石穿，不懈攀登才能铸就辉煌人生

史泰龙下定决心，要走一条与父母迥然不同的路。但究竟能做些什么呢？从政，可能性几乎为零；进大企业去发展，学历和文凭是目前不可逾越的高山；经商，又没有本钱……他想到了做演员——做演员不需要清名，不需要文凭，更不需要本钱，一旦成功就能名利双收。然而，他同样不具备做演员的条件：长相难以过关，没接受过专业训练，没有经验，也无"天赋"的迹象。然而，"一定要成功"的驱动力促使他认为，这是他今生今世唯一出头的机会，绝不能放弃，一定要成功！

他来到好莱坞，找明星、找导演，向任何一个可能使他成为演员的人哀求："给我一次机会吧，我要当演员，我一定能成功。"结果，他一次又一次地被拒绝。但他并不气馁，他知道，失败定有原因。每当被拒绝一次，他就认真反省、检讨、学习一次。两年过去了，他花光了自己的积蓄，换来的是一千多次的拒绝。于是，他开始在好莱坞打工，以便维持生计。

他暗自垂泪，痛哭失声。难道真的没有希望了吗？难道赌徒、酒鬼的儿子就只能做赌徒、酒鬼吗？不行，我一定要成功！他想，既然不能直接成功，能否换一个方法。他想出了一个"迂回前进"的思路：先写剧本，待剧本被导演看中后，再要求当演员。幸好现在的他，已经不是刚来时的门外汉了。从两年多的耳濡目染和每一次的被拒绝中，史泰龙学到了写电影剧本的基础知识。

一年后，他拿着自己写出的剧本遍访各位导演："这个剧本怎么样，让我当男主角吧！"普遍的反映都是，剧本还可以，但让他当男主角，简直是天大的玩笑。

史泰龙没有放弃，而是不断地对自己说："我一定要成功，也许下次就行！再下一次，再一下次……"在遭到1300多次拒绝后的一天，一个曾拒绝过他20多次的导演对他说："我不知道你能否演好，但我被你的精神所感动。我可以给你一次机会，但我要把你的剧本改成电视连续剧。同时，先拍一集，就让你当男主角，看看效果再说。如果效果不好，你便从此断绝

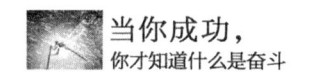

这个念头吧!"为了这一刻,他已经做了三年多的准备。机会来之不易,他不敢有丝毫懈怠,只能全身心投入。奇迹发生了,第一集电视剧创下了当时全美最高收视纪录——他成功了!

——摘自《史泰龙的励志故事》

史泰龙的健身教练哥伦布医生这样评价他:"史泰龙每做一件事都百分之百地投入。他的意志、恒心与持久力都是令人惊叹的。他是一个行动家。他从来不呆坐着让事情发生,他会主动地令事情发生。"

史泰龙自始至终都没有放弃,而是以"我一定要成功"来激励自己坚持下去。在坚持的过程中,他从对演艺界一无所知的浪子成为了一个能够写出好剧本的编剧,并最终成功地踏入了演艺界。可见,坚持是多么重要。

坚持并不是说说而已,而应该体现在实际行动中。有人说:"我从来没有放弃自己的目标,但为什么我还没有成功呢?"当你也有这样的疑问时,你应该问问自己:"我有没有向这个方向努力过?有没有在努力的过程中遇到了什么困难?"如果回答是否定的话,只能说明你的坚持是毫无价值的,因为它只是你打出的幌子,而欺骗的对象也正是你自己。

俗语说:"狗叫不倒山岗,蜘蛛搬不倒高楼,乌云遮不住太阳。"在实现梦想的路上,持之以恒地奋进,才会到达成功的彼岸。

执著者，世界都为你让路

在现实的生活中，有很多为理想为事业奋斗的人，这其中，有一部分人总是在离成功还有一步之遥时停止了脚步，他们面对失败与困难，气馁了、放弃了，功亏一篑，功败垂成，令人痛心与惋惜。而另一部分人面对失败与困难，山穷水尽疑无路，但是却仍坚定执著地继续往下走，最后终于迎来了柳暗花明又一村。

10年前，他还是个刚入伍不久的小战士。适逢建国50周年，他所在的部队接到了国庆阅兵任务，他立即报名参加选拔，却因体重不达标，被挡在了阅兵村外。他伤心得直掉眼泪，战友们都劝他别难过，说将来还有建国60周年阅兵，下次还有机会呢。10年后的事，谁说得准？可是谁也没有料到，一句安慰的话，竟在他心底埋下了梦想的种子。

从那天起，他就为自己定下了10年后的目标：参加建国60周年阅兵！

他做梦都想参加阅兵。第二年休假时，他专门坐火车去了一趟北京。来到长安街，他身着便服，按照战友们受阅时走过的路线，独自一人走完了全程。然后，他找了一个很不起眼的位置，请过路的老伯给自己照相。热情的老伯感到不解，问他："小伙子，北京有这么多好景点，你为何选这个地方照相呢？"老伯当然不知道，眼前这个位置，正是他的战友们受阅

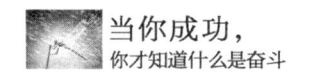

时站立的地方。"咔嚓",快门按动,梦想与笑容一起被定格。

这次梦想之旅,更加让他坚定了信念,他发奋努力,积极准备。然而,当兵第5年,他就不得不面对人生最大的一次抉择:退伍还是继续留在部队。父亲年岁已高,希望儿子能够早日回家挑大梁,并在家乡为他找了一份不错的工作。但他坚持要留下,父子俩为此在电话里吵过,最终还是父亲妥协了。期间,他考入了士官学校,毕业后被分配到新的部队。

10年等待,似乎一切都在改变,唯有当初的梦想丝毫未变。晚上睡觉时,他经常会做同一个梦,梦见自己迈着铿锵有力的步伐走过长安街。终于有一天,他忽然得到消息,自己所在的部队接到了建国60周年阅兵任务。他欣喜若狂,激动得一夜没睡,第二天一早就跑去报名。这次,他顺利通过选拔,如愿进入阅兵村。

他克服了所有困难,一次小小的意外,却险些让梦想止步。在一次例行训练中,他的眉骨部位意外受伤,豁了一个大口子,鲜血直流。到医院缝针时,医生问他要不要打麻药?他说,不打。不是为了逞英雄,因为医生告诉他,如果打麻药的话,伤口愈合可能会比较慢。他说,只要想到伤口能尽快好起来,针扎进肉里,都不觉得那么疼了。

他叫王付忠,一个普通的解放军战士。为了心中的梦想,他坚定执著,默默奋斗,十年磨一剑,终于梦想成真。可以体会,在那庄严神圣、万众瞩目的时刻,当他昂首挺胸、阔步走过长安街时,必定是世界上最幸福的人之一。

阅兵式上,不到100米的距离,只用了36秒时间,而王付忠走了整整10年!在这10年当中,会发生多少无法预料的事情,有些他能够控制,有些则是他无力改变的:也许提前退役,也许他所在的部队不在受阅之列,也许身体条件已不再允许他参加阅兵……随便哪一种可能,都能轻而易举地将梦想篡改。但他统统不去想,心里只有一个单纯的梦想。他说,我把每次训练都当成真正的阅兵!

——摘自《全世界都会让路给知道方向的你》

第四章
水滴石穿，不懈攀登才能铸就辉煌人生

或许是他的执著感动了上苍，无数不确定因素，最终都化为了有利条件。王付忠无疑是幸运的，不过同样可以肯定，这种幸运绝非出自偶然。

如果说软弱是生命的悲哀和无奈，逃避是意志的沉沦和丧失，那么执著则是理想的升华和永恒。懂得执著的人，无论现在的境遇有多么糟糕，总有一天，成功的大门会为他而敞开。

1965年，一位韩国学生到剑桥大学主修心理学。在喝下午茶的时候，他常到学校的咖啡厅或茶座听一些成功人士聊天。这些成功人士包括诺贝尔奖获得者，某一些领域的学术权威和一些创造了经济神话的人，这些人幽默风趣，举重若轻，把自己的成功都看得非常自然和顺理成章。时间长了，他发现，在国内时，他被一些成功人士欺骗了。那些人为了让正在创业的人知难而退，普遍把自己创业时的艰辛夸大了，也就是说，他们在用自己的成功经历吓唬那些还没有取得成功的人。

作为心理系的学生，他认为很有必要对韩国成功人士的心态加以研究。1970年，他把《成功并不像你想象的那么难》作为毕业论文，提交给现代经济心理学的创始人威尔·布雷登教授。布雷登教授读后，大为惊喜，他认为这是个新发现，这种现象虽然在东方甚至在世界各地普遍存在，但此前还没有一个人大胆地提出来并加以研究。惊喜之余，他写信给他的剑桥校友——当时正坐在韩国政坛第一把交椅上的人——朴正熙。他在信中说，"我不敢说这部著作对你有多大的帮助，但我敢肯定它比你的任何一个政令都能产生震动。"

后来这本书果然伴随着韩国经济的起飞越来越畅销。这本书鼓舞了许多人，因为他们从一个新的角度告诉人们，成功与"劳其筋骨，饿其体肤""三更灯火五更鸡""头悬梁，锥刺股"没有必然的联系。后来，这位青年也获得了成功，他成了韩国泛业汽车公司的总裁。

——摘自《学生时代的韩国泛业汽车公司总裁》

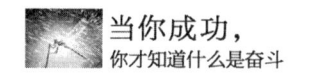

只要你对某一事业感兴趣，长久地坚持下去就会成功，因为上帝赋予你的时间和智能够你圆满地做完一件事情。人世中的许多事，只要想做都能做到，该克服的困难也都能克服，用不着什么钢铁般的意志，更用不着什么技巧或谋略。

只要一个人还在朴实而饶有兴趣地生活着，他终究会发现，造物主对世事的安排，都是水到渠成的。勇往直前的执著者，世界都会为你让路！

做人，就该踏踏实实去奋斗

我们必须承认，在这世上任何一个人的成功都不是随随便便得来的，更不是坐在家里空想得到的，而是踏踏实实一步一个脚印去尝试、去体验，历经艰苦最终获得的。所以，不管你拥有什么知名学府的毕业证书，也不管你曾经获得怎么优秀的表彰，那些东西在你毕业出校门的那一刻都不再有什么大的实际意义，因为它们不可能在你踏出校门的那一刻就让你获得一份年薪百万元的工作，更不可能让你开上公司所配的顶级跑车，这些都需要你踏踏实实地去干、去奋斗。

荀子《劝学篇》中说："不积跬步，无以至千里；不积小流，无以成江海。"这话的意思是说，千里之路，是靠一步一步地走出来的，没有小步的积累，是不可能走完千里之途的。引申开来，就是做事要不畏艰难，不怕曲折，坚忍不拔地干下去，才能最终达到目的。

有一只新组装好的小闹钟，被放在了两只旧闹钟当中。两只旧闹钟"嘀嗒""嘀嗒"一分一秒地走着。

其中一只旧闹钟对小闹钟说："来吧，你也该工作了。可是我有点担心，你走完3200万次以后，恐怕会吃不消哦。"

"天呐，3200万次。"小闹钟吃惊不已。"要我做这么大的事？办不到，绝对办不到！"另一只旧闹钟对小闹钟说："别听他胡说八道。不用害

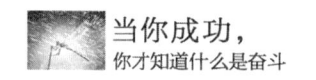

怕，你只要每秒摆一下就行了。"

"天下哪有这样简单的事情？"小闹钟将信将疑，"如果真是那样，那我就试试吧。"于是，小闹钟就很轻松地每秒钟"嘀嗒"摆一下，不知不觉中，一年过去了，它摆了3200万次。

——摘自《小学趣味学习之中国寓言故事：小闹钟的故事》

不要想一下子就取得很大的成就，路是一步步走出来的。想好现在该做什么，然后静下心来踏实地做好手边的事，你就会离成功越来越近。

无论做什么事、担任什么职位，我们都需要脚踏实地、全力以赴，这样会使你越发能干，同时你的心智也会成长，可以追求更大的成功。

有人会说："这份工作不值得我做。我这么聪明能干的人不应该做这么卑微的事。"如果轻视现有的职位，不肯脚踏实地、全力以赴，并且不满、不快乐，毫不掩饰自己的情绪，最终会失去这份工作而自毁前程。

很多时候，成就的大小不在于你现在的高度，不在于你的文凭，也不在于智商的高低，而全在于你的态度。

山城有一家纺织厂，经济效益不好，工厂决定让一批人下岗。其中有两位女职工，她们都是40岁左右，一位是大学毕业生，工厂的工程师，另一位则是只有初中文化的普通女工。

女工程师对人生的这一变化深怀怨恨，她愤怒过、骂过、也吵过，但都无济于事。因为下岗人员的数目还在不断增加，别的工程师也开始下岗了。尽管如此，她的心里却仍不平衡，她始终觉得下岗是一件丢人的事。她整天都闷闷不乐地待在家里，不愿意出门见人，更没想到要脚踏实地地做点事情，重新开始自己的人生。孤独而忧郁的心态控制了她的一切，她本来就血压高、身体弱，没过多久，她就带着忧郁，孤寂地离开了人世。

另一位普通女工却大不一样，她很快就从下岗的阴影里解脱了出来。她想，别人既然能生活下去，自己也能生活下去。从此以后，她的内心没有了抱怨和焦虑，她平静地接受了现实。在亲戚朋友的支持下，她开起了一个小小的火锅店。由于她全力以赴地投入到了这项工作中，火锅店生意十分红火，仅一年多，她就还清了借款。后来她的火锅店的规模扩大了几倍，成了山城里小有名气的餐馆，她自己也过上了比在工厂时更好的生活。

——摘自《成都晚报》

一个是高学历的工程师，一个是只有初中文化的普通女工，她们都曾面临着同样一个困境——下岗，但为什么下岗之后她们的命运却迥然不同呢？原因就在于：她们从一个岗位的平台上被迫跳下后，一个落在实地上，一个却始终浮在空中。

在如今的社会，我们不再像父母那一辈可以吃上大锅饭，高学历不如有个好的、正确的态度，我们只有平静地接受社会给予的一切，才肯低下头来，踏踏实实地努力去干、去拼搏。唯有如此，才能一步一个脚印地走到成功大门的面前！

第五章

压力是潜能之母，有压力才有成功的动力

压力如同"水能载舟，亦能覆舟"一样，既有坏的一面，也有好的一面。如果把压力憋在心里，让它无休止地折磨自己，那它就是砒霜；如果能把压力变成动力，压力就是蜜糖。让我们正确对待压力，化压力为动力，努力让自己闯出一番成就吧！

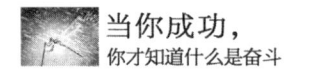

对手的压力，激发你的斗志

许多人都把对手视为"眼中钉、肉中刺"，暂且不从别的方面来说，只从自身而言，没有对手你就会少了许多前进的动力，多了一份安逸，而正是这份安逸之心，有可能使你失去许多进取的契机，让你坠入人生低谷。因此，拥有一个强劲的对手，并不一定就是坏事。

在秘鲁的国家级森林公园，生活着一只年轻的美洲虎。由于美洲虎是一种濒临灭绝的珍稀动物，全世界现在仅存17只，所以为了很好地保护这只珍稀的老虎，秘鲁人在公园中专门开辟出了一块近20平方公里的森林作为虎园，还精心设计和建盖了豪华的虎房，好让美洲虎自由自在地生活。

虎园里森林茂密，百草芬芳，沟壑纵横，流水潺潺，并有成群人工饲养的牛、羊、鹿、兔供老虎尽情享用。凡是到过虎园参观的游人都说，如此美妙的环境，真是美洲虎生活的天堂。

然而，让人们感到奇怪的是，从没有人看见美洲虎去捕捉那些专门为它预备的"活食"。从没有人见它王者十足地纵横于雄山大川，啸傲于莽莽丛林，甚至未见它像模像样地吼上几嗓子。

人们常看到它整天待在装有空调的虎房里，或打盹儿，或耷拉着脑袋，吃了睡，睡了吃，无精打采。有人说它大概是太孤独了，若是找个伴儿，或许会好些。

第五章 压力是潜能之母，有压力才有成功的动力

于是政府又通过外交途径，从哥伦比亚租来了一只母虎与它做伴儿，但结果还是老样子。

一天，一位动物行为学家到森林公园来参观，见到美洲虎那副懒洋洋的样儿，便对管理员说，老虎是森林之王，在它所生活的环境中，不能只放上一群整天只知道吃草、不知道猎杀的动物。这么大的一片虎园，即使不放进去几只狼，至少也应该放上两只猎狗，否则，美洲虎无论如何也提不起精神。

管理员们听从了动物行为学家的意见，不久便从别的动物园引进了两只美洲狮，投进了虎园。这一招果然奏效，自从两只美洲狮进虎园的那天起，这只美洲虎就再也躺不住了。

它每天不是站在高高的山顶愤怒地咆哮，就是有如飓风般冲下山冈，或者在丛林的边缘地带警觉地巡视和游荡。老虎那种刚烈威猛、霸气十足的本性被重新唤醒。它又成了一只真正的老虎，成了这片广阔的虎园里真正意义上的森林之王。

——摘自《给老虎请个对手》

一种动物如果没有对手，就会变得死气沉沉。同样地，一个人如果没有对手，那他就会甘于平庸，养成惰性，最终导致庸碌无为。

当你经常被人指责的时候，你是一个举足轻重的人物，因为正是他们使你变得伟大和杰出。所以，要重视你的对手，因为他最早发现你的过失；要感谢你的对手，因为他使你强大起来。你应该为自己有一个强大的对手而庆幸，为自己遇到艰难的境遇而庆幸，因为这正是你脱颖而出的好机会。

因为一个强劲的对手，会让你时刻有种危机感，他会激发起你更加旺盛的精神和斗志。

在北方某大城市里，诸多电器经销商经过一番明争暗斗的市场较量，有赵、王两大商家脱颖而出，成为了最强劲的竞争对手。

这一年，赵为了增强市场竞争力，采取了极度扩张的经营策略，大量

当你成功，
你才知道什么是奋斗

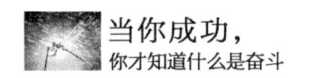

地收购、兼并各类小企业，并在各市县发展连锁店。但由于实际操作中的失误，造成信贷资金比例过大，经营包袱过重，其市场销售业绩反倒直线下降。

这时，许多业内外人士纷纷提醒王——这是主动出击，一举彻底击败对手赵，进而独占该市电器市场的最好商机。王却始终不曾采纳众人提出的建议，在赵最危难的时机，王却出人意料地主动伸出援手，拆借资金帮助赵涉险过关。最终，赵的经营状况日趋好转，并一直给王的经营施加压力，迫使王时刻面对着这一强有力的竞争对手。

有很多人曾嘲笑王的心慈手软，说他是养虎为患。可王却没有丝毫反悔之意，只是殚精竭虑，四处招纳人才，并以多种方式调动手下的人拼搏进取，一刻也不敢懈怠。就这样，王和赵在激烈的市场竞争中，既是朋友又是对手，彼此绞尽脑汁地较量，双方各有损失，但各自的收获却都很大。多年后，王和赵都成了当地赫赫有名的商业巨子。

——摘自《管理故事：把对手扶起来》

有对手，才有不灭的斗志。拥有一个强劲的对手，是一种福分，一种造化。因为一个强劲的对手，会让你时刻有种危机四伏的感觉，会激发起你更加旺盛的精神和斗志。真正的对手是我们的老师，真正的对手是我们的镜子，真正的对手是我们需要拼尽全力才有可能超越的目标，正是真正的对手的存在，才使得我们的视野开阔，见识到了天外有天。

真正要做成大事的人，总是把对手当成自己的伙伴，在竞争中提高自己的智慧和能力。有了竞争对手之后，正确对待自己的对手，你的斗志也就会被激发出来，你会想各种提升自己能力的办法，不让自己落后。就在你不懈奋斗的过程中，成功就在你的周边环绕。

感谢压力带给我们的正能量

下面的这些事情,你熟悉吗?重大考试失败,与自己理想的学校失之交臂;孤身奋战却一无所获,最终导致事业失败;遭受意外伤害和致命的疾病;失业,或者找不到令自己满意的工作;失恋,离婚,亲友离别或去世;因贫困,父母无力供子女读书,或者子女无力赡养父母;因突发的自然灾害,失去了自己的家园……这些不幸的事件,在每个人生命的不同阶段或多或少都会有所经历,它们不但会影响你的生活质量,而且会带给你巨大的压力。

压力就像只无形的手,总是攫住人们,让人无处可逃。我们是生活在这个世界上的人,只要我们活在这个世界上,便会感受到压力,压力就是生活。如今我们的生活节奏越来越快,除非你生活在世外桃源,否则压力将不可避免。因此,不管喜欢与否,压力每天都会陪伴着你。

有人以美国为样本进行过研究,研究结果发现:90%接受初级心理治疗的人都是因为与压力有关的问题,40%的员工调动工作也与压力有关,每年大约有75万的美国人因无法排解工作压力而尝试自杀。在全球,导致员工丧失劳动力的10大主要原因中,有5个与心理问题有关。中国企业中20%的

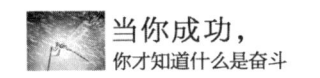

员工受到心理问题的困扰。工作压力过大、人际关系复杂、家庭和婚姻生活失败、缺乏自信心等种种心理问题，困扰着人们的生活。

正因如此，所以人们一提到压力，就认为是坏的。其实也不一定，因为我们取得的好多成就，都是在压力下取得的。比如：你们班有名同学学习成绩特别好，每次都是全班第一，同学老师都赞扬他。你很不服气，从此好好学习，奋发图强，力图超过他，在你的不断努力下，愿望终于实现了。那位同学的成绩就是你学习的压力，是它促使你奋发向上的。这便是压力的好处。其实，压力对我们的影响，我们是可以选择的，只要我们能够以正确的态度去面对压力，那么压力一定能够化为动力，让我们取得成功！

一位美国科学家对两只小白鼠进行了一次试验：首先，教授把其中一只小白鼠的压力基因全部抽取出来，然后再同时把两只小老鼠放在一个仿真的自然环境中。

过了两天，教授发现，未被抽取基因的老鼠，无论是走路还是觅食，总是表现得按部就班、小心翼翼。就这样，它在仿真的自然环境里连续生活了十几天，任何意外都没有发生。它渐渐习惯了没有人类恐吓的这种环境，甚至开始为自己积蓄过冬的粮食。再看这只已经把压力基因全部抽取的小白鼠，从开始在仿真自然环境生活的第一天，它就很兴奋。它天不怕地不怕，偶尔会惧怕仿真空间忽然而至的大风，因为这些大风会把空间里的一些东西刮得东倒西摇。它的好奇心远远超过了它的同伴。

根据教授观察的结果以及有关统计数字，被抽取压力基因的这只小白鼠，仅仅用了一天的时间，就把五百多平方米的全部空间都仔仔细细地审察了一遍。而另外一只则用了近四天的时间，才熟悉整个仿真空间。最后，这只没有压力的小白鼠爬上了一座高12米的假山，而另外一只仅爬上了2米高的盛有食物的吊篮。小白鼠从高12米的假山上通过一个小石头块时，突然一下子摔了下来，死了。而另外一只则因为有一定的压力，做事情处处都谨慎小心,十天后,它完好无损地出来了。

——摘自《幸福就在你身边》

心理学研究也证实:承受压力是生活中不可避免的事情。压力就像空气、水一样,时刻存在于人们的周围,是生活不可缺少的一部分。适度的压力对人有益,它可以使人们自觉地调动自身能量来解决面临的各种挑战。生活中到处都隐藏着压力,既然压力与生活密不可分,那就试着去正视它。

给大家讲一个关于狮子与羚羊的寓言:

在非洲大草原上,生活着羚羊和狮子。清晨,羚羊从睡梦中醒来,它想的第一件事就是:我必须跑得比最快的狮子还要快,不然我可能会被咬死。此时,狮子也睁开了眼睛,它想的第一件事是:我一定要跑得比最慢的羚羊要快,否则,我可能会被饿死。毫无疑问,许多活泼可爱的羚羊成了狮子口中的美食,但也有一些老弱的狮子因追赶不到前面的羚羊而忍饥挨饿,直至死亡……

不管是狮子还是羚羊,每天都面临着生存的危机。如果是羚羊,就要跑得比最快的狮子还要快;如果是狮子,也一定要跑得比最慢的羚羊还要快,否则,就不能在这个世界长久地生存下来。在物竞天择的宽阔天地里,羚羊和狮子源自求生的压力,其实都是同等的。

——摘自《小故事大智慧》

正是这种生存的压力,使羚羊成了奔跑"健将",使狮子成了草原"猎手"。在人类生活中,我们虽然没有像羚羊和狮子那样的生存压力,但学习和生活上的压力依然存在。正是因为有这样的压力,才使我们不断成功,不断进步。

实际上,压力往往是人们在面对自己无法处理的问题时的某种情绪反应,它常常使人表现出无力、无奈、不知所措。针对这种现象,专家表示,压力并非都是坏事,因为压力使人一旦面临真正的危险就能做出

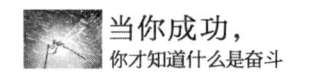

适当的"自卫"反应；同时，压力可增加人生乐趣及快感，诱使人们去尝试新事物，迎接新挑战，唤醒人的斗志，增强人的韧性，加速自我成长的步伐，实现事业和人生目标。所以，面对压力，我们不需要恐慌，经年累月地接触压力，使得我们可以逐一克服并勇敢面对这些压力。正是因为有压力，我们才不断进步着，我们要学会感谢压力带给我们的正能量。

第五章
压力是潜能之母，有压力才有成功的动力

压力是潜能之母

有人说："需要是发明之母。"同理，压力也可以称为"潜能之母"。压力可以促使人寻求更好、更聪明的处世方式，压力会激发人的潜能，从而创造出惊人的业绩。媒体上常有此类报道，有些演员当有重要观众来观看演出时，他们的表演往往特别出色。运动员也是如此，有些运动员在大赛中，水平发挥得极好，可以打破世界纪录。这是因为他们感到了压力，并让压力产生了正面效果——激发出了潜能。

很多人都愿意接受身体上的刺激与震撼。他们常常甘心自掏腰包去观看恐怖电影，或者乘坐那些惊险刺激的游乐设施，比如过山车。他们这样做，只是为了享受那种"被吓得半死"的身体刺激。但这种做法如果用到精神方面，将会收到意想不到的效果。

古人云："破釜沉舟，百二秦关终属楚"，"置之死地而后生"。意思是说，事情往往到了危急的关头才会有转机，当事者才不得不绞尽脑汁，思考转危为安的方法。因为，压力可以激发他们的潜能和灵感。

莱克尔是两个孩子的母亲，十几年前，她失业了。当时，她已经离婚，又没有固定的收入。由于未受过正规教育，又没有谋生特长，生存危机顿时降临到了她的头上。屋漏偏逢连夜雨，在尝试着创业时，她又选错了从商时机，所有的努力都付之东流，境遇比先前更惨。可是，她并未因

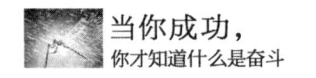

此放弃希望。

无奈之际，莱克尔带着两个女儿回到了故乡夏威夷。一天，她去市场买罩袍，发现这些服装只有一种尺码，并且花色非常单调，缺少应有的变通。这种服装由当地的染织厂生产，样式千篇一律，做工也很粗糙，很不适合人们在特殊场合穿着。莱克尔立刻意识到这是个商机，遂决定改良这种产品，以满足人们的不同需求。

当时，朋友对她的想法提出过质疑，但莱克尔充满了信心。她以仅有的100美元作为资金，开始在家为他人改缝由她设计的衣服。由于她改缝的衣服美观、实用且风格独特，受到当地人的欢迎。她的生意愈做愈大，后来成立了自己的服装公司。莱克尔在压力中释放出的灵感和潜能，不但挽救了危机中的自己，而且还促成了她事业上的成功。

——摘自《压力与潜能的关系》

莱克尔的事例在生活中并不少见。但一个养尊处优的人是不可能想到这样做的，因为这样的人没有压力感，根本不会去积极发掘自身的潜能。而人们一旦调动起自己的潜能，则其力量是令人惊讶的。正因为如此，成功学者安东尼·罗宾才说，"压力其实并不可怕，可怕的是我们是否受压力的摆布。"命运是由自己来把握的，我们应该主宰命运，应该向压力发起挑战。

生活中，压力无处不在，面对重重压力，我们有两种选择：一是把压力看淡，二是把自己变坚强。我们来读一则故事：

年轻的女孩正在和父亲促膝长谈，更准确地说，是女儿在向父亲诉苦、抱怨。

女儿心情沉重地告诉父亲："我现在感到非常痛苦，尽管自己很想从中走出来，但是似乎已经迷失了方向。问题一个接着一个，使得自己毫无招架之力，我已经厌倦了挣扎、抗拒，但我又不知道如何做才对。"

父亲低头想了想，对女孩说："跟我到厨房看一看吧，也许你能从中发现生活的真谛。"

第五章
压力是潜能之母，有压力才有成功的动力

女孩迷惑不解，跟着父亲来到厨房。只见父亲打开燃气，烧了三锅水，水沸腾后，父亲把萝卜放在第一个锅中，把一个鸡蛋放在第二个锅中，把一些咖啡放进第三个锅中，等都放好之后，父亲示意她和自己一起默默看着锅里的变化。

过了一会儿，父亲把锅里的萝卜和鸡蛋捞了出来，分别放在两个碗中，然后，他又把咖啡倒进杯子里。他问女孩："孩子，刚刚你都看到了什么？"女孩回答："萝卜、鸡蛋和咖啡，别的就没有什么了。"父亲说："用你的手感觉一下被沸水煮过的萝卜，再将鸡蛋皮打破，然后再尝一尝我给你煮的咖啡，感觉一下味道如何？"

女孩按照父亲的意思，一一照做了，但依然不知道父亲到底想说明什么。

父亲摸着已经长大却一时失去勇气的女儿，解释道："当它们处在逆境中时，也就是遇到滚烫的沸水时，反应各不相同，原本坚实的萝卜在沸水中变软了，煮烂了。鸡蛋原本非常脆弱，鸡蛋壳在保护着里面的液体，沸水煮后，鸡蛋内的液体却也变成了固态。粉末的咖啡在沸水中煮了一下竟改变了水的味道。你呢，我的孩子，你是什么？"

——摘自《坦然面对自己遭遇的一切，生活困惑的反思》

我们要有一颗坚强的心，事情的本身并无绝对的压力可言，压力的大小真正取决于一个人对问题的态度和一个人承受压力的能力。大凡有所成就的人，都经受过无数次的压力考验，一个时常生活在压力中的人，才是真正有希望的人。所以，我们不应逃避压力，相反，为了挖掘自己的潜能，还应适时地为自己创造一定的压力环境。

其实有压力并不可怕，可怕的是我们受到压力的摆布。压力是"潜能之母"，只要我们以正确的态度去面对它，那么就可以激发自身的潜能，使自己创造出惊人的业绩。

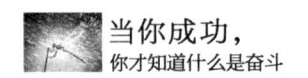

适当的压力是命运的天使

很多人都不喜欢压力,一提到压力,他们就本能地皱眉头。难道压力就真的那么可怕吗?事实并非如此。凡事都有两面性,压力也一样,既有消极的一面,也有积极的一面。我们可以利用好压力积极的一面,把它变成改变命运的天使。

有一个小男孩,他在小学时成绩一直名列前茅,谁知上了中学后由于贪玩等原因成绩一路下滑,到了初二期末考试的时候,他的成绩排名已经降到全校的30多名。

他的家人非常失望,因为在那所农村中学,每年能考上高中的不到10个人,而几乎没有人能考上中专或中师。以他现在的成绩和状态,中学毕业只能回家走父亲的老路,面朝黄土背朝天地干农活。望子成龙的父亲希望他能有出息,便想尽办法把他转到县城中学读书。

小男孩到县城一中去的第一天,就发生了一件令人十分气愤的事情。那天,他和父亲一起去的学校,他们哆哆嗦嗦地进了校长办公室,接待他们的是县城第一中学副校长,他扫了一眼他们,然后爱答不理地说:"转学通知!"父亲赶忙从口袋里掏出那张转学通知单,毕恭毕敬地双手递过去。副校长头也没抬,好像父亲的手或那张通知单沾有脏东西似的,他只是用两根手指夹着通知单一角拽了过去。

第五章
压力是潜能之母，有压力才有成功的动力

"物理零分？！"副校长充满了蔑视的表情，"我们这儿是省重点中学，不是什么学生都能进来的！"听着他大呼小叫的，小男孩气得直打哆嗦，父亲却依旧陪笑，恭敬地给副校长递过去一支烟，副校长根本不领情，只用手一挡，说："找班主任去吧。"

就这样，小男孩进了县城中学，但是不久之后他又故态复萌，没有父母的管束，他像疯了一样在外面玩儿，虽然勉强上了高中，但成绩差不多是班里最差的。在他所读的那所高中里，应届班能考上大学的也就是五六十人左右，而以他的成绩来说，考大学简直是天方夜谭。看着他一天到晚只是玩儿，根本无心攻读学业，父亲又气又急，想尽一切方法管束他，但是没有任何的成效。

就这样一步步地接近了高三，小男孩的厌学情绪日益高涨，直至最终偷偷地跑到广州去打工。父亲找到了他，这次他没有再打骂小男孩，只是很无奈地摇着头，问小男孩："初三转学时，刚到县城中学的那天，那个校长说的话，你还记得吗？"小男孩摇摇头。父亲有些激动，颤抖地说："他说你是'臭狗屎'，我这么大年纪的人了，你见我向谁低过头递过烟？都是为了你啊，为了你转学，我……"小男孩如遭雷击，主动地回到学校的教室里，坐下来看书，为了父亲，也是为了他自己。也就是从那时起，他开始发奋读书，分秒必争，终于功夫不负有心人，当高考成绩出来时，他以全班第二名的成绩考取了一所本科院校。

——摘自《中国校园文学》

不可否认，很多人向上的动力都需要有不断的压力来推动，即"动力常常源自于压力"。譬如，我们常常宁可承担心理压力，也要把事情拖到最后一分钟去做。不只是对那些令人不快的、不想去做的事情如此，即使对那些我们愿意去做，有必要去做，做完后感到充实、感到有价值的事，也同样如此。我们之中许多人似乎只有在经历这种压力时，工作才能完成得更出色，就像法国大文豪巴尔扎克只有在债台高筑之时才去写作一样。

所以，压力并非都是幽灵之怪。有时，它会因我们心态的改变而质变

当你成功,
你才知道什么是奋斗

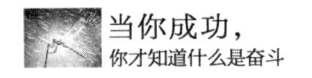

成一位可爱的"天使"。当然,突然改变心态,说起来容易做起来难,这不仅需要智慧,更需要勇气和决心。因为,人处于悲观、消极、烦恼、紊乱的心理状态下,原有的心理平衡被打破,是很难正确而有效地作出判断的。

因此,你必须时刻保持内心平静、头脑清醒,知道该如何把压力化为一种动力,并想到这是你所需要的。只有这样,压力才能够真正地变成动力,并帮助你走出当前的困境。

日本八宝酱制造公司,如今驰名于世界。可谁也不会想到,公司老板在20多年前,曾因经商失败,经受不住沉重的打击,失魂落魄地来到河边,准备投河自尽。碰巧的是,那天当地人举行丰年祭,河水上漂浮着莲藕、生姜、丝瓜、人参等食物。

这位老板看着看着,脑海里突然闪出一个新奇的念头:"这些东西让水白白冲走,实在太可惜了。如果能想办法利用它们,那该多好啊。"说来也许有些奇怪,他突然闪出的这个念头,在刹那间奇迹般地战胜了寻短见的念头。

于是,他决定把压力变成动力,重新开始大干一番。有了这种大展宏图的想法,这位老板的心境逐渐开朗起来,浑身也轻松了许多。他脱下衣服,跳进河里,但这次却不是自杀,而是捞起河里所有的漂浮食物,带回去洗净后再切碎做成酱菜,干起了不要成本的生意。从此,这位老板的生意越做越大,最后竟发了大财,成了一位商界名人。

——摘自《办法总比困难多》

读完这个例子,我们是不是应该重新回味一番压力研究泰斗塞利博士的话:"面对压力绝非是为了逃避压力,逃避压力就像逃避食物、运动或者爱一样不合理。"既然不能逃避,为什么不换一种心态,给压力重新做一个诠释和解读呢?

如果你把压力看作是命运给你故意安排的"一大难题"或"一大障碍",那么,当你排除了这道难题或者跨过这条障碍线时,你的命运也就有了很好的转折。此时,这个压力就是好的,它就是你命运的"天使"。

把压力变成你前进的动力

当压力来临时,应该想到是"摘取成功之果"的机会降临了。在压力犹如泰山压顶时,那些坚韧不拔者总是能把压力转化为前进的动力。很多成功者,都是把压力变成动力,才最终实现成功的。

因为有了储存食物的压力,最终发明了冰箱;有了驱逐寒暑的压力,最终发明了空调;有了全球交流的压力,最终发明了网络……压力让我们产生责任感,压力让我们斗志昂扬,压力激发起我们往前冲的勇气,压力让我们创造了一个个惊人的奇迹。

在一次火灾中,一位上了年纪的妇女竟然能把一个大橡木柜子从三楼搬到楼下。火灾后,三个强壮的男人费了九牛二虎之力,才勉强把那个柜子抬回到三楼原先的位置。这时众人想请这位妇女再重来一次,她却怎么也搬不动了。

曾在《环球》杂志上读过一个很感人的真实故事。故事的主人公是个年轻貌美的女子,一天,她跟随丈夫在山顶拍照,突然丈夫一脚踩空,随即向万丈深渊滑去,周围是陡峭的山崖,两手无任何抓处。就在这十分危急的一瞬间,妻子两手抱住崖边的树干,用嘴咬住了丈夫的上衣。这时丈夫悬在空中,妻子又不能松手,只好用两排洁白细碎的牙齿承受着一个高大身躯的重量。妻子不停地对自己说:"咬紧牙关,坚持,再坚持!"她美

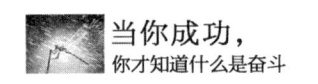

丽的牙齿和嘴唇被血染得鲜红鲜红。半个小时后，游客发现了，才把他俩救上来。这位妻子身单力薄，为什么会在紧要关头，爆发出这么大的承受力和忍耐力？

——摘自《成功就躲藏在最后一步》

一位生理学家认为："身体机能对紧急状况产生反应时，肾上腺能大量分泌出激素，传到整个身体，能产生额外的力量。"如果从心理方面分析，这种生理现象，产生于人的心智和精神的力量。这位妻子能咬紧牙关，一再坚持，是因为她心里只有一个念头：千万千万不能松口，否则丈夫就会跌进万丈深渊。人有了心智和精神力量的支配，就连死神也怕咬紧牙关！

我们看到压力可以使人爆发出出人意料的惊人能力。人身处绝境或遇险的时候，往往会发挥出不同寻常的潜力。

有这样一个有趣的故事。

一天，几个小孩比赛翻墙，有个叫来喜的男孩翻了几次，都没有成功。他正要离开时，一位老爷爷走过来说："小家伙，别泄气，这墙你能翻过去。"

来喜摇了摇头。

老爷爷说："你想翻过去，我有办法。"说着便摘下来喜头上的帽子，顺手扔过了墙。

来喜一看，恼怒地叫嚷："坏老头，你是个坏老头！"

"说啥也没用，你现在必须翻过去，才能拿到你的帽子。"老爷爷说完扬长而去。

这时，来喜面对高墙，不翻也得翻，经过几番努力，终于从高墙上翻过去了。

——摘自《你想越过高墙先把帽子扔过去》

人在绝境或没有退路的时候，才容易产生爆发力，展示出非凡的潜能。专门研究压力危害作用的心理学家汉斯塞利也承认："压力是生活的刺激，压力使我们振作，使我们生存。"

美国杰出的心理学家詹姆斯的研究表明：一个没有受逼迫和激励的人仅能发挥出潜能的20%~30%，而当他受到逼迫和激励时，其能力可以发挥80%~90%，相当于前者的3~4倍。

我们每个人都有巨大的潜能可以开发，一般人只使用了潜能的1/10，甚至还不到1/10。也许有人会说："我已经做得很好了，何必再给自己施加压力呢？"就这样，我们让自己的潜能发了霉。

在生活中，我们要做一个敢于面对压力的强者。不要畏惧，其实很多事情我们能够做得到，有些事情我们能做得更好，只是我们没有发现自己的潜力。

看了下面这个故事，你会有什么启发呢？

有一天某个农夫的一头驴子，不小心掉进一口枯井里，农夫绞尽脑汁想救出驴子，但几个小时过去了，驴子还是在井里痛苦地哀嚎着。

最后，这位农夫决定放弃。于是他便请来左邻右舍帮忙一起将井中的驴子埋了，以免除它的痛苦。

农夫的邻居们人手一把铲子，开始将泥土铲进枯井中。当这头驴子了解到自己的处境时，刚开始哭得很凄惨。但出人意料的是，一会儿之后这头驴子就安静下来了。农夫好奇地探头往井底一看，出现在眼前的景象令他大吃一惊：当铲进井里的泥土落在驴子的背部时，驴子的反应令人称奇——它将泥土抖落在一旁，然后站到堆成的泥土堆上面！

就这样，驴子将大家铲在它身上的泥土全数抖落在井底，再站上去。很快地，这只驴子便上升到了井口，然后在众人惊讶的表情中快步地跑开了！

——摘自360图书馆

就如驴子的情况，在生命的旅程中，有时候我们难免会陷入"枯井"里，各式各样的"泥沙"倾倒在我们身上，而想要从这些"枯井"脱困的秘诀就是：将"泥沙"抖落掉，然后站到上面去！

一个人所受到的压力和他的能力是成正比的，一个人所承受的压力越

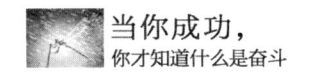

大，他所释放出的能量也就越大。著名心理学家贝弗时奇说得好："人们最出色的工作往往是在处于逆境的情况下做出的。思想上的压力，甚至肉体上的痛苦都可能成为精神上的兴奋剂。很多杰出的伟人都曾遭受过心理上的打击及形形色色的困难。"

压力能够变动力，这是物理学上的一条定理。压力与动力是一对矛盾，并不是所有的压力都能转化成动力。压力变成动力，需要一个转化的条件，那就是压力的承受者有承受压力的能力，若是没有这个条件，压力就只能做惯性运动了。所以，面对压力，我们要积极地改变自己、充实自己，这样才能正确引导各种压力，成为自己前进的动力。

当你面临压力时，要让它推着你前进，而不是退缩。你如果面对无法摆脱的压力时，就应该反复地对自己说："这是对我的挑战和考验，这是催促我努力学习、积极工作、奋发向上的动力。"

扛住压力，保持积极的心态

为什么好多人总觉着生活空虚、艰难，压力重重呢？原因很简单，是因为他们没有用积极的心态去对待压力。这也就意味着：平庸者多，而卓越者少。正如拿破仑·希尔所说："成功人士的首要标志，就在于他的心态。一个人如果心态积极，乐观地面对人生，乐观地接受挑战和应付麻烦的事，那他就成功了一半。"

有的人遇到压力时，只是挑选容易的后退之路，"我不行了，我还是退缩吧"，其结果必然陷入失败的深渊。而成功者遇到压力时，仍然认为"我一定能行""办法总比困难多"，总是用积极的心态来鼓励自己，于是便能想尽办法，不断前进，直到成功。所以说，一个人能否成功，关键在于他的心态。

同样的道理，作为一名学生，心态对于他也是非常重要的。如果他想把自己变成一个品学兼优的好学生，他就必须拥有积极的心态，并运用这种心态的力量将学习上的种种压力转化成前进的动力，将消极失败的看法变成积极奋进的努力。

大一女生林某在中学阶段，学习成绩非常突出，备受同学们的羡慕以及老师和家长的赞许。上大学后，她学习勤奋刻苦，决心保持一流的成绩。但大学阶段的学习与中学相比，在学习内容和学习方法上都存在较大

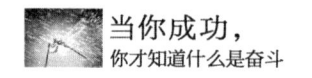

的差别，但林某却一味地遵循曾使她取得辉煌成绩的中学学习方法，所以，尽管她非常努力，仍不能产生预期的学习效果。更糟糕的是，在第一学期期末考试时，她竟然有一门成绩不及格。林某万万没有想到，进入大学的第一次考试就出现了不及格现象，这对从来都名列前茅的她来说，简直是不可接受的打击。

当得知考试结果后，林某回到宿舍，独自哭了很久。当林某想到放假后要面对曾对她投以惊羡目光的同学和父母，想到今后还有那么多的课程要考试，就感到非常紧张，也感到非常羞愧。于是，在强大的心理压力下，林某不敢回家而独自出走。后来，经过家长和同学的多方寻找，才将林某找回家。然而，林某再也不敢回学校上课，于是只好办理了休学手续。

——摘自《心态决定人生》

试想一下，如果林某以一种积极的心态来面对因考试不及格所带的压力，认真地反省自己，改变自己不当的学习方法，相信她一定会重新跨入优秀生的行列。而如今，她却办理了休学手续，实在是一种遗憾。

有时，也许你会抱怨自己各方面的条件都不如别人，比如说，你认为自己的脑袋没别的同学聪明，自己的家庭生活及学习条件也不如别人，等等。这时，积极的学习心态对于你来说就更重要了。无论你自身的条件多么恶劣，只要你拥有良好的心态，并将它和正确的学习方法相结合，你肯定会变成一名佼佼者。与之相反，无论你现在的条件多么优越，倘若你的心态消极，成为劣等生就是必然的。

20世纪50年代，余彭年怀揣着对人生的美好希望，来到香港淘金。生于湖南乡下的他在香港既不会说英语，又听不懂广东话，身在异乡，举目无亲，因此在求职的时候处处碰壁。最后，在一位老乡的帮助下，他找到了一份勤杂工的工作。

扫地、洗厕所的工作又脏又累，还会遭到别人的白眼。但是，被生活所迫的余彭年不得不每天坚持去做这份薪水很低又没有什么发展前途的工作。

第五章
压力是潜能之母，有压力才有成功的动力

周六和周日是公司员工们休息的时间。在这一天，勤杂工们也是不用上班的。刚刚来到香港的余彭年很想去欣赏香港的美丽景色，了解一下那里的风土人情。但是，当别的勤杂工们出去逛街游玩的时候，公司里却还有很多敬业者在加班。没有人及时打扫卫生的话，写字楼里就会肮脏不堪。因此，他决定留下来继续干好本职工作。

他在公司里从不多说一句话，只是默默地干好手中的事。公司里的勤杂工们都看不起他，在休息的时候，没有一个人愿意主动走上前来和他聊天。不过，余彭年并不在意，仍然是默默地坚持着把工作做好。终于有一天，老板看到了这位沉默寡言而又工作认真的小伙子，对他产生了好感。随后，就破格让他成为了办公室里的一名员工。余彭年来到办公室后，一直坚持着往日的行事风格，在工作上表现得非常勤奋，老板对他就更加器重了，于是让他做了公司的总经理。

几年之后，余彭年积攒了足够的工作经验和一定的创业资本，就向老板递上了辞职书。老板愉快地同意了，并且让余彭年成为他公司里的一名股东。从此之后，余彭年在事业上开始了展翅飞翔，他的生意越做越大，在地产界和酒店行业取得了举世瞩目的成就。

——摘自《心态决定人生》

余彭年的成功并不是偶然的，其中最重要的原因就是他能够耐得住寂寞，坐得住冷板凳。他不会因为工作的卑微而辞职，也不会因为同事的冷落而愤怒，而是在相当长的一段时间内，能够静下心来去面对困境，正是如此，他才有了后来的成功。

一个人不可能事事顺利，总会在学习和生活当中遇到这样或那样的困难和挫折。在困难和挫折面前，要像余彭年一样，保持积极的心态，并激励自己去努力奋斗。只要我们能够扛住压力，永不自弃、永不自我颓废，保持一份积极的心态，那么就能在不幸的环境中找到成功的秘诀，压力也就变成了自己前进的动力。

人生，负重前行是必然

在现代社会里，压力普遍存在于人们的生活中，每个人都背负着沉重的压力，且无处可躲。压力是人们进取的动力，但也可能带给人们各种心理疾病，破坏生活品质。

心理学家早已研究发现：长期超负荷、难以预测和控制的工作会对人的健康构成危害，现代生活中高血压、心脏病、睡眠障碍等居高不下，很大程度上与都市生活的竞争和压力有关。

在现代社会，压力的增多是必然的，人的追求越多，压力就会越大。

据说，一个人觉得生活很沉重，便去见哲人，寻求解脱之法。

哲人给他一个篓子背在肩上，指着一条沙砾路说："你每走一步就捡一块石头扔进篓子，看看有什么感觉。"过了一会儿，那人走到了头，领悟到了生活越来越沉重的道理。

当我们来到这个世界上时，我们每个人都背着一个空篓子，然而我们每走一步都要从这个世界上捡一样东西放进去，所以才有了越走越累的感觉。

于是那人问："有什么办法可以减轻这种负重吗？"哲人问他："假如那些石头代表房子、车子和票子，那么你愿意把哪一样拿出来呢？"

那人不语。

第五章
压力是潜能之母,有压力才有成功的动力

人想获取的越来越多,压力也就会越来越多。哲人曾说过:当感到沉重时,也许你应该庆幸自己不是总统,因为他背的篓子比你的大多了,也沉重多了。

——摘自《活人的篓子》

人生路坎坷的时日居多,升学、工作、晋级、成家,哪一个环节都不可能一帆风顺,大部分时间人都在负重而行。领导同事的误会、工作上的摩擦、生活中的不如意都是令人难过的根源。这时候,人就得有负重而行的心理承受力,否则不够宽容、不够豁达、不会变通,就会使得自己的人生越来越沉重。

每个人都渴望成功,但大多遭遇失败,压力可想而知。但是,突然来临的挫折和失败都不是人生的末日,而恰恰是改变命运、获得更大成功的好机会。不破不立,如果不碰到挫折和失败,我们就不舍得放弃,也不会做出新的、更好的选择。

18岁的他,高考落榜后就无所事事,他的目光在屋后的那道山梁翻来翻去。他有的是力气,树根周围的浮土,在他的锄头下翻飞。又粗又大的树桩,别人挖5个,他能挖10个。他家门前的树桩堆得像一座山。可是,树桩再多,毕竟还是树桩。

乡下的树桩只用来烧火。后来,他去了城里,到了城里才知道,树桩不仅可以用来烧火,还可以碾碎用来做人造板。他把树桩运进了城,门前的树桩搬空了,这时他发现,失掉的树桩,一个的价值抵原来堆在门前的10个。可是,树桩虽然卖了,毕竟还是被当作树桩卖。

后来,他从书上得知,有一种艺术叫根雕。于是,他开始挑选从山上挖来的树根。他琢磨着家门前空地上那些有形、有样的树根,有的像狮子,有些像老虎,有些像仙鹤。他把这些整理成半成品卖了,树根再也不是树根,其价格是树根的上百倍。

这时,他坐在门前,看着形态各异的树根发呆,那些像老虎像仙鹤的树根,只是有那么一点像老虎、像仙鹤的意思,如果不经过整形,它们

成不了老虎和仙鹤,而成为老虎和仙鹤又是这些树根的终极价值。这样想着,他又改变了主意。一年后,他办起了自己的根雕工艺品厂,当年获得的利润就非常可观。

——摘自《雕成树根再出售》

把树根雕成根雕,需要的是眼光和智慧,在压力面前,需要的是进取和勇气。

人生的道路并不平坦,随时都可能遇到挫折和不幸,给人带来心理上的压力和痛苦。虽然我们不能避免所有的挫折和不幸,但我们要有办法去对付挫折,迎着压力而上。

负重而行当然是一种痛苦,但没有负重而行就不可能体会无重的轻松惬意。没有负重而行,也就无所谓责任,从而也就无所谓克难而进的成就,当然也就不会体验到那种成功后如释重负的快感了。

没有负重的生命是不完整的生命,没有负重过的人生是不圆满的人生。面对压力,不必害怕惊慌,更不必消沉退缩。

如果人一生下来口里就有一把汤匙,就不会迫于生存压力而去奋斗,那么恐怕人类文明直到现在还处于十分低下的阶段,人类就无法走出原始时代。许多取得成功的卓越人物,比如发明家、科学家、大商人、企业家、政治家等,都是迫于生存的压力而努力向前,从此走上艰苦的创业之路,并且成就其伟业的。

学会科学地去面对压力

人活在这个世上,压力肯定是避免不了的。但是,一个人能不能快乐地生活,并不在于他受到多么大的压力,而在于他怎样对待压力。西方有句谚语:"同是一件事,想开了是天堂,想不开是地狱。"人有压力并不可怕,可怕的是,我们将它憋在心里,变成心灵的枷锁,这样我们就会失去理智的判断能力,失去激发潜能的自由。

现代人大都背负着沉重的生活压力,时常担心这个、担心那个,忧虑总是永无止境。面对这么多的压力,你该试一试所谓的"沙漏哲学",既然你所忧虑的事不是一时半刻就能改变,你就要用另一种心态去面对。

第二次世界大战时期,米诺肩负着沉重的任务,每天花很长的时间在收发室里,努力整理在战争中死伤和失踪者的最新记录。

源源不绝的情报接踵而来,收发室的人员必须争分夺秒地处理,一丁点儿的小错误都可能会造成难以弥补的后果。米诺的心始终悬在半空中,小心翼翼地避免出任何差错。

在压力和疲劳的袭击之下,米诺患了结肠痉挛症。身体上的病痛使他忧心忡忡,他担心自己从此一蹶不振,又担心是否能撑到战争结束,活着回去见他的家人。

当你成功，
你才知道什么是奋斗

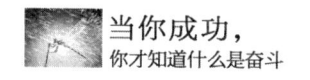

在身体和心理的双重煎熬下，米诺整个人瘦了34磅。他想自己就要垮了，几乎已经不奢望会有痊愈的一天。

心力交瘁的米诺终于不支倒地，住进医院。

军医了解他的状况后，语重心长地对他说："米诺，你身体上的疾病没什么大不了，真正的问题是出在你的心里。我希望你把自己的生命想象成一个沙漏，在沙漏的上半部，有成千上万的沙子，它们在流过中间那条细缝时，都是平均而且缓慢的，除非弄坏它，否则你跟我都没办法让很多沙粒同时通过那条窄缝。人也是一样，每一个人都像是一个沙漏，每天都是一大堆的工作等着去做，但是我们必须一次一件慢慢来，否则我们的精神绝对承受不了。"

医生的忠告给米诺很大的启发，从那天起，他就一直奉行着这种"沙漏哲学"，即使问题如成千上万的沙子般涌到面前，米诺也能沉着应对，不再杞人忧天。

他反复告诫自己说："一次只流过一粒沙子，一次只做一件工作。"没过多久，米诺的身体便恢复正常了，从此，他也学会如何从容不迫地面对自己的工作了。

——摘自《人性的密码全集》

人没有一万只手，不能把所有的事情一次解决，那么又何必一次为那么多事情而烦恼呢？不能即时改变的事，你再怎么担心忧虑也只是空想而已，事情并不能马上解决。你应该试着一件一件慢慢来，全心全意把眼前的这件事做好。

人生在世，本来就会面临各种各样的压力，当你学会调整自己，让压力一点一滴而来时，你会发现，压力反而是一种动力，只要你按部就班，它就会不断推动着你努力前进。

有位老和尚，养了一条狗。这条狗的名字很怪，不叫小花、大黄、小黑、小白，更不是旺财、来福，这位大师给它起名叫"放下"，每日黄昏，他都要亲自去喂它。落日下，只见诵了一天经的老和尚端着饭食，来到院子里，一声声地喊着爱犬的名字："放下，放下。"

一次，这个情景被一个小女孩看到，她疑惑地跑去问："大师，你为什么给它取名叫'放下'呢？这个名字好怪哦。"

大师笑着说："小姑娘，你以为我真的在叫它吗？我是在告诉自己要'放下'。"

——摘自《一条叫放下的狗》

生活中，我们要学会把压力放下，给身心一点儿休息的时间。当压力来临时，我们不妨也学会放下。

有这样一个故事：

在清华大学组织的一次培训课上，老师在课堂上拿起一杯水，然后问台下的学员："各位认为这杯水有多重呢？"

有人说是半斤，有人说是一斤，老师则说："这杯水的重量并不重要，重要的是你能拿多久？拿一分钟，谁都可以；拿一个小时，可能觉得手酸；拿一天，可能就得进医院了。其实这杯水的重量是一样的，但是你拿得越久，就越觉得沉重。这就像我们承担着压力一样，如果我们一直把压力放在身上，不管压力大小，到最后就会觉得压力越来越沉重而无法承担。我们必须做的是放下这杯水，休息一下后再拿起这杯水，如此我们才能拿得更久。所以各位应该将承担的压力，于一段时间后适时地放下，并好好地休息一下，然后再重新拿起来，如此才可能承担得更久。"

——摘自《小故事大道理全书》

这则故事阐明了一个简单的道理，无论什么样的压力，唯有科学面对，才能获得解决之道。如今的时代，压力处处都有，既然避免不了，就正确面对吧！其实，压力也不见得全是坏事，想一想，压力一般是来源于人的需求，而这种需求就是人们追求奋斗的原动力。感受到压力，体会到自己的需求，能产生为之拼搏的欲望。人在遇到绝路的时候，巨大的压力

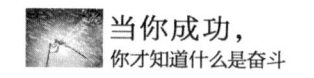

往往爆发巨大的潜能,"置之死地而后生"就是这个道理。

但是如果自己给自己的压力太大,或由于客观原因压力过大,则会超过人的承受能力,使我们感到心力衰竭,不堪重负,甚至产生一些心理疾病,更别提奋斗了。就像弹簧一样,在没有超过其承受范围时,你用力压紧它,松开手,它会用力反弹;但一旦超过其范围,弹簧发生变形,再用劲,也反弹不回来。所以,要会调适自己,科学面对压力,在如今这个充满竞争的社会里,只要我们怀着一颗从容的心态,就不会被压力所困,反而借"压力"这根弹簧,让自己飞得更远!

压力能够让人更好地成长

彼德·圣吉在其经典著作《第五项修炼》一书中,阐述了制约人们进步的七大故障之一:青蛙现象。

一只青蛙,如果被突然放入沸水中,它会奋力跳出;因为它感受到了死亡的威胁。但如果被放入逐渐加温的水中,它的身体会通过不断的调节来适应周围的水温,到水温高至它无法再适应的时候,青蛙便无力跳出水面,只能等待死亡。

青蛙对剧烈的威胁能够迅速作出应变,而对缓慢渐进的危机却不能识别而导致死亡。一个人的能力也如同青蛙现象。当一个人面临突发的重大威胁的时候能够产生一种平时无法达到的能力,帮他渡过难关;而对于逐渐加剧的危机,则往往习而不察,无动于衷,待到病入膏肓,想应对时,却为时已晚。压力可以挽救一个动物的生命,压力也可以出乎意料地锻炼一个人的能力。

有一个极有名的钢琴大师做指导教授。授课第一天,他给自己的新学生一份乐谱。"试试看吧!"他说。乐谱难度颇高,学生弹得生涩僵滞、错误百出。"还不熟。回去继续练习!"教授在下课时叮嘱学生。

学生练了一个星期,第二周上课时正准备让教授验收,没想到教授又给了他一份难度更高的乐谱,"试试看吧!"上星期的课,教授提都没

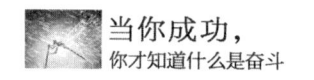

提。学生再次挣扎于更高难度的挑战。

第三周,更难的乐谱又出现了。同样的情形持续着,学生每次在课堂上都被一份新的乐谱所困扰,然后把它带回去练习,接着再回到课堂上,重新面临两倍难度的乐谱,学生没有感到任何进步,却越来越沮丧和气馁。

三个月后,学生决定向钢琴大师提出这三个月来何以不断折磨自己的质疑。教授没开口,他抽出了最早的那份乐谱,交给学生。"弹奏吧!"他以坚定的目光望着学生。

不可思议的事情发生了,连学生自己都惊讶万分,他居然可以将那首曲子弹奏得如此美妙、如此精湛!教授让学生试了第二堂课的乐谱,学生依然呈现超高水准的表现……演奏结束,学生兴奋地看着老师,说不出话来。

"如果我任由你表现最擅长的部分,可能你还在练习最早的那份乐谱,就不会有现在这样的程度……"钢琴大师缓缓地说。

——摘自《让孩子不断进步必读的名人故事 有挑战才会有进步》

一个人一旦感受不到压力的存在,就应该特别小心。因为这表示在能力提升与个人成长上,少了一股相当重要的动力来源,这样的环境虽然安逸,但是却无助于成长。压力的存在,可以让一个人奋起勃发,向上冲刺,从而产生强大的能量,让自己得到更好的成长和发展。

在非洲中部干旱的大草原上,有一种体形肥胖臃肿的巨蜂。这种巨蜂的翅膀非常小,脖子也很精短。但是这种峰在非洲的大草原上能够连续飞行250公里,飞行高度也是一般蜂类所不能及。它们非常聪明,平时藏在草丛里或者岩石缝隙,一旦有了食物立即振翅飞起。尤其是当它们发现这一地区即将面临极度干旱的时候,它们就会成群结队地迅速逃离,向水草丰美的地方飞行。

这种强健的蜂被科学家称为"非洲蜂"。科学家们对这种蜂充满了好奇,因为根据生物学的理论,这种蜂体形肥胖臃肿且翅膀非常短小,在能够飞行的物种当中,它们的飞行条件是最差的,甚至连鸡、鸭都不如;用流体力学来分析,它们的身体和翅膀的比例根本不能够起飞,即使把它们扔到天空去，它们的翅膀也不可能产生承载肥胖身体的浮力，会立刻掉下来摔死。

但事实，非洲蜂不仅能飞，而且是飞行队伍里最为强健、飞得最远的物种之一。

——摘自《非洲蜂与荆棘鸟》

哲学家们对此给出了合理的解释：非洲蜂天资低劣，但它们只有学会长途飞行的本领，才能够在气候恶劣的非洲大草原活下去。简单地说，非洲蜂若是不能飞行，它就只有死路一条。

什么叫"置之死地而后生"？非洲蜂给出了很好的回答。非洲蜂更让我们相信，在一个执著顽强的生命里，只有压力才能产生超强的能力。所以，我们应该感谢生活中的那些压力，是它们让我们有了更好的成长！

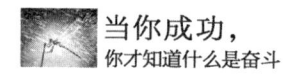

感谢压力，激发斗志

许多人在生活中的压力很大，但是他们知道压力有特有的好处。"今天不流辛勤的汗，明天将流悔恨的泪"，如果我们现在不去面对压力，不去承受压力，在不久的明天，我们将流下悔恨的泪。所以，知道压力的好处，化压力为动力，是我们每一个人必须具备的能力。

压力会使人进步，会使人变得坚强，那么，没有压力对我们又有什么坏处呢？如果没有压力，我们整天"吃喝享乐"，必然有一天会成为"死于安乐"的应验者。尤其是那些喜欢逃避压力的人，如果整天只想着享乐，在不久以后，残酷的生活将会对你有所"惩罚"。因此，我们为了将来不流悔恨的泪，现在就应该流辛勤的汗水。

要知道：没有了压力，就没有了动力，就更没有向前奋进的欲望。井无压力不喷油，人无压力轻飘飘。在生活中，我们不可避免地要遇到不少挑战和压力。正是这些压力使我们得以磨炼心志，提升能力。

美国麻省的艾摩斯特学院曾经做过一个很有意思的试验，用很多铁圈把一个小南瓜整个箍住，当南瓜长大时观察它能够承受铁圈多大的压力。刚开始他们估计南瓜最多能承受500磅左右的压力。

在第一个月，南瓜承受了500磅的压力。到第二个月，南瓜承受了1500磅的压力。当它承受的压力达到2000磅时，研究人员必须把铁圈捆得更牢，以免南瓜把铁圈撑断。最后，整个南瓜承受了超过5000磅的压力，瓜皮才破裂。

他们打开南瓜后发现，它已经不能吃了，因为在试图突破铁圈包围的过程中，它的果肉变成了坚韧牢固的纤维。为了吸收足够的养分以突围，它的根须延展到了整个培植园。

——摘自《南瓜的力量》

科学家认为：人是需要激情、紧张和压力的。如果没有既甜蜜又有痛苦的冒险滋味的"滋养"，人的机体就无法存在。对这些情感的体验有时就像药物和毒品一样让人上瘾，适度的压力可以激发人的免疫力，从而延长人的寿命。实验表明，如果将人关进隔离室内，即使让他感觉非常舒服，但没有任何情感体验，他也很快会发疯。

压力带给人的感觉不仅仅是痛苦和沉重，它也能激发人的斗志和内在的激情，使人兴奋，使人的潜能被开发！

体育比赛的压力是大家有目共睹的，正因为压力大，才有了频频被打破的世界纪录。企业的压力也是很大的，然而正是激烈的竞争机制才使企业飞速发展，使人才层出不穷。

1985年，还是个小护士的吴士宏，抱着个半导体学了一年半《许国璋英语》，就壮起胆子到IBM应聘。

站在长城饭店的玻璃转门外，吴士宏足足用了5分钟的时间来观察别人怎么从容地步入这扇神奇的大门。

两轮笔试和一次口试，吴士宏顺利通过了。面试也很顺利。最后，主考官问她会不会打字，她说会。主考官问：

"你一分钟能打多少字？"

她问："您的要求是多少？"

主考官说了一个数，吴士宏马上承诺说可以。她环顾四周，发现现场并没有打字机。果然，考官说下次再考打字。

实际上，吴士宏从未摸过打字机。面试结束，她飞也似的跑了出去，

当你成功，
你才知道什么是奋斗

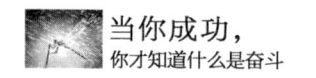

找亲友借了170元买了一台打字机，没日没夜地敲打了一个星期，双手累得连吃饭都拿不住筷子了。但她奇迹般地达到了考官要求的专业水准。过了好几个月她才还清了那笔债务，但公司一直没有考她的打字功夫。

吴士宏的传奇从此开始。直到今天，她谈起那段故事，依旧感谢那逼迫自己的压力。

——摘自《经营诚信》

上天对每个人都是公平的，它在为我们创造许多机会的同时，也为我们制造了更多的压力。有些人在压力面前倒了下去，但真正的强者，在经历了压力的锤炼后却变得更加坚强。如果你不甘于平庸，如果你不想成为失败者，那就要有勇气面对压力。

其实，每一个人天生都会有可怕的惰性，如果没有规则的约束，没有压力的鞭策，很难获得成功。当一次又一次压力到来的时候，我们才能将自己的潜力挖掘出来，最终取得进步和成长。所以，我们要感谢压力！肩膀的力量是担子练出来的。

第六章

有一种成功叫厚积薄发，做好小事才能成就大事

海尔总裁张瑞敏曾经说过，"把每一件普通的事情做好就是不普通；把每一件平凡的事情做好就是不平凡。"成功之路并不是笔直的，而是充满着曲折，只有通过缓慢地积累和不断地学习，我们才能攀上成功的高峰。

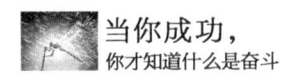

做好小事，成就非凡

"千里之行，始于足下"的含义是：走一千里路，是从迈第一步开始的。比喻事情的成功，是从小到大逐渐积累起来的。所以，想成功必须从每次小小成就的取得开始。欧洲有一句谚语："最大的东西，最初往往是最小的。"那些能够从小事中看到未来的是智者，那些能够把小事最终变成大事的人更是智者。在地里播下种子，不久会生根发芽，最终长成参天大树。那些最初懂得播下种子的人是智者。

想成功，就要先从力所能及的小事着手，把每件小事都做完美，从中取得信心，逐步迈向成功。从低点起步的人，不要被困难、挫折所吓倒，也不要因为满布荆棘而不敢前行，你只需要从做自己力所能及的事开始，慢慢提升自己的能力，困难就会一个一个地被你迈过，荆棘之路也会被踩在脚下。

有个年轻的律师，在走出大学校园的那一刻，曾暗暗发誓：一生致力于维护公正，帮助弱小。三年过去了，年轻人发现周围依然充斥黑暗与欺诈，强势者横行霸道，弱小者求助无门。年轻人带着苦闷沮丧、心灰意冷的情绪到海边一个朋友家小住。每天清晨，年轻人都要到海边散步。一天早上，年轻人看见海滩上有个六七岁的小男孩拾起一条条鱼扔回海里。年轻人走过去，问小男孩为什么这样做。小男孩告诉年轻人，太阳一出来，

第六章
有一种成功叫厚积薄发，做好小事才能成就大事

这些搁浅的鱼就会死掉。

年轻人看看一望无际的海滩，以及海滩上随处可见的鱼，又问："这海滩上的鱼至少也有几百万条吧！你这样做又有什么用呢！"

小男孩拾起一条鱼，把它抛到海里，"三百六十六，我已经帮助三百六十六条鱼活下来了。"小男孩说着又拾起一条鱼扔到海里，同时数道："三百六十七。"

年轻人把苦闷沮丧的情绪留在海边，当天就赶了回去。他意识到：我应该去做很多力所能及的事情。

——摘自《现代物流技术》

活在世上，每天都会遇到烦心事。社会为什么这么不公平？我各方面都比他强，为什么这家公司偏偏录取了他，而不要我？难道就只因为我没有一个好爸爸？是的，世界本来就是不公平的，也很难公平。什么是公平，你能下一个明确的定义吗？本来，公平就是一个综合的评定，是我们个人无法决定的。与其整天望洋兴叹，不如振作起来，做自己力所能及的事。

做好身边的小事，慢慢地我们就会找到感觉，找到兴趣，看到自己的价值，尝到成功的快乐，积极愉快的情绪就会培养起来。情绪越是积极愉快，我们做事就越有劲头，个人的潜力也能很好地发挥，也就会越接近成功。让我们行动起来吧，从做自己力所能及的事开始，一步步地挖掘自己的潜力，向自己挑战！

无论何时都要记住，不要轻视看似卑微细小的东西。伟人们常常对小事或平凡处非常重视，因为他们非常清楚，无论什么惊天动地的创举，都是由很小的事情开始的。

有些事情看起来很小，但是如果认认真真去做，你会发现它对于你的成功非常重要。在现实生活中，这样的例子屡见不鲜，可以看成是对这句话的最好注解。

有这样一则发生在美国的故事。琼兰从事服务行业的工作，他就是一

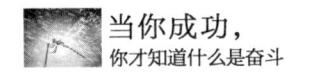

个天生的服务员，他的服务质量很好，大受顾客赞赏。后来，他开了一家属于自己的餐饮公司，由于他们贴心的服务，使得他的公司很受欢迎，美国的一些政治家和富翁家里只要有餐饮活动，无论多远都要用飞机接他和他的团队来安排餐宴。美国的政治家和富翁都喜欢开私人party（派对），开party一定会请餐饮公司，从事这类工作的公司在美国有很多，但是琼兰的公司在其中最为有名，美国的富翁们都以请到他为骄傲。

他本人也很有商业头脑，在以后的日子里，他又开了一家餐饮学校，然后带着自己的团队，到全世界各个地方去，去承包那些最昂贵的、最有品位的宴会的餐饮服务。最后他买了一架波音737飞机，飞到各地去帮人做饭。很多人都认为，一个服务员变成了一个买波音飞机的亿万富翁，这是一个奇迹。其实，他就是热爱这一行，把它做到了极致而已。

——摘自《世界顶级服务员》

人这一辈子其实做不了太多的事情，什么事情都想做等于什么事情都做不成。如果我们能把一件小事做到让自己满意，就已经很了不起了，能做到尽善尽美，就更了不起。

人们常常不屑去做一些小事情。总是觉得太小，没有意思，但是"汪洋大海，汇聚于小溪"的道理却是众所周知的，只是不少人并没有从中受到教益。因此我们要大声疾呼：小事不小，须三思而后行。老子曰："合抱之木，生于毫末；九层之台，起于累土；千里之行，始于足下。"正是告诉我们，低点起步，慢慢积累，做好小事，成就非凡。

平凡之事铸就非凡之功

"不积跬步无以至千里,不积小流无以成江海。"成功无捷径,只能脚踏实地,一环扣一环地前进。再精巧的木匠也造不出没有根基的空中楼阁,任何伟大的事业都是由无数具体的、微小的、平凡的工作积累的,不愿意干小事的人,很难成大事。

"冰冻三尺非一日之寒",成功不是骤然而起的,而是由点点滴滴的细微的成功凝聚而成的。只有做好每一件小事,才会取得比别人更丰厚的成绩,才能做好大事,承担起更大的责任。

日本东京贸易公司有一位专门为客户订票的小姐,经常给德国一家公司的商务经理预订往来于东京和大阪之间的火车票。不久,这位经理发现了一件看似非常巧合的事:每次去大阪时,他的座位总是在列车右边的窗口,返回东京时又总是靠左边的窗口。

有一次,这位经理把订票小姐找来,问她到底是怎么回事。订票的小姐说:"火车去大阪时,富士山在你的右边,返回东京时,它则在你的左边。我想,外国人都喜欢日本富士山的景色,所以每次我都替你买了不同位置的车票。"

就这么一桩不起眼的小事使德国客户深受感动,并促使他把与这家公

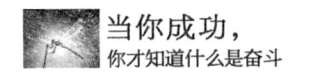

司的贸易额由原来的400万马克提高到了1000万马克。随后，那位小姐也被公司提升为票务部的经理。

——摘自《订票小姐》

　　生活中人人都盼望着机遇，希望通过机会让自己得到成长与发展，最终实现自己的美好愿望。然而，机遇往往隐藏在小事之中，机遇并不等同于收益，更多时候是一种考验。对于那些虽然渴求机会来临，但实际上对机遇的到来没有任何准备的人、没有准备好的人或者根本不知道如何去做准备的人，机遇只能与他们擦肩而过，并把他们的不足和弱点更充分地暴露出来。只有那些善于抓住机遇而又为机遇的到来做好充分准备的人，机遇才可能为他们提供做大事的舞台。

　　美国标准石油公司曾经有一位小职员叫阿基勃特。他在出差住旅馆的时候，总是在自己签名的下方，写上"每桶4美元的标准石油"字样，在书信及收据上也不例外，签了名，就一定写上那几个字。他因此被同事叫作"每桶4美元"，而他的真名倒没有人叫了。

　　公司董事长洛克菲勒知道这件事后说："竟有如此努力宣扬公司声誉的职员，我要见见他。"于是，洛克菲勒邀请阿基勃特共进晚餐。

　　后来，洛克菲勒卸任，阿基勃特成了第二任董事长。

　　也许，在我们大多数人的眼中，阿基勃特签名的时候署上"每桶4美元的标准石油"，这是一件小事，甚至有人会嘲笑他。可是这件小事，阿基勃特却做了，并坚持把这件小事做到了极致。那些嘲笑他的人中，肯定有不少人才华、能力在他之上，可是最后，他却成了董事长。

——摘自《西点校训：没有任何借口》

　　万里长城是一块一块砖垒起来的，大事往往也是小事集成的。对于不能认识小事对大事有意义的人，小事是毫无价值的；对于不愿做小事而只等着做大事的人而言，大事是不会降临的。生活中处处有小事，而大事却不多，将生活中的每件小事做成精品，这是成就大事的基础、攀登高峰的台阶。

"海不辞水，故能成其大；山不辞土石，故能成其高。"古今中外的那些杰出人物无不先从小事做起，这已成为千年遗训。他们从小事做起，才成就了一番大事业；着眼于点点滴滴，最终才能功成名就。

在追求杰出的过程中，没有任何一件事情，小到可以被抛弃；没有任何一个细节，细到应该被忽略。做小事可以锻炼自己，增强自己的判断能力和思考能力，而且通过小事，可以折射出你的综合素质，以及你区别于他人的特点，从而赢得干大事的机会。

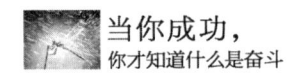

不断提升自己，才能取得成功

西点军校第一任校长曾说过一句话："无论现在的你有多么伟大，你依然需要提升自己，如果你停滞在现有的水平上，事实上，你是在倒退！"其实，这句话很有道理。我们常说：不进则退。说的也是这个道理。所以，一个人，不管在什么时候，都需要学习，都需要提升自己！

人活在世上，总是想让自己做得更好点，不论是在工作上还是生活上。一个人不可能做到完美，但是可以追求完美，在各方面不断提升自己。一个追求完美的人一定会自觉地、高度地严格要求自己，所以这样的人一定会成为一个成功的人。如果，你想得到赞许的目光，那就必须得从提升自身的能力开始，靠实力说话，他人就会不自觉地赞赏你。再多的浮夸，也比不上一句："我有能力！"

曾经有一个人很不满意自己的工作，他愤愤地对朋友说："我的老板一点儿也不把我放在眼里，在他那里我得不到重视。改天我要对他拍桌子，然后辞职。"

"你对于那家贸易公司完全清楚了吗？对于他们做国际贸易的窍门完全搞通了吗？"他的朋友反问。

"没有！"

"君子报仇十年不晚，我建议你好好地把他们的一切贸易技巧、商业文书和公司组织完全搞通,甚至连怎么排除打印机的小故障都学会,然后辞职不干。"他的朋友建议,"你把他们的公司当成免费学习的地方,什么东西都学通了之后,再一走了之,不是既出了气,又有许多收获吗?"

那人听从了朋友的建议,从此便默记偷学,甚至下班之后,还留在办公室研究写商业文书的方法。

一年之后,那位朋友偶然遇到他,说:"你现在大概多半都学会了,可以准备拍桌子不干了吧!"

"可是我发现近半年来,老板对我刮目相看,最近更是委以重任,又升官,又加薪,我已经成为公司的红人了!"

"这是我早就料到的!"他的朋友笑着说,"当初你的老板不重视你,是因为你的能力不足,却又不努力学习;后来你痛下苦功,担当重任,当然会令他对你刮目相看。只知抱怨老板,却不反省自己的能力,这是人们常犯的毛病啊!"

——摘自《老板为什么不重视你》

在社会竞争日趋激烈,生活节奏不断加快的今天,人们的工作压力、思想压力和精神压力也越来越大。在到处充满竞争的社会,要想找到适合自己的位置,并且能够立于不败之地,就要能够战胜自我,不断完善自我。通过不断完善自我,提高自身自立能力和专注的精神,从而保持相较他人无与伦比的优势。让人重视你的最好做法,就是让自己确实与众不同。得到别人的肯定,要靠自己的实力去实现。

阿迪斯的学习成绩挺好,毕业后却屡次碰壁,一直找不到理想的工作。他觉得自己得不到别人的肯定,为此而伤心绝望。

怀着极度的痛苦,阿迪斯来到大海边,打算就此结束自己的生命。

正当他即将被海水淹没的时候,一位老人救起了他。老人问他为什么要走绝路。

阿迪斯说:"我得不到别人和社会的承认,没有人重视我,所以觉得人生没有意义。"

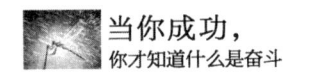

老人从脚下的沙滩上捡起一粒沙子，让阿迪斯看了看，随手扔在了地上，然后对他说："请你把我刚才扔在地上的那粒沙子捡起来。"

"这根本不可能！"阿迪斯低头看了一下说。

老人没有说话，从自己的口袋里掏出一颗晶莹剔透的珍珠，随手扔在了沙滩上，然后对阿迪斯说："你能把这颗珍珠捡起来吗？"

"当然能！"

"那你就应该明白自己的境遇了吧？你要认识到，现在你自己还不是一颗珍珠，所以你不能苛求别人立即承认你。如果要别人承认，那你就要想办法使自己变成一颗珍珠才行。"阿迪斯低头沉思，半晌无语。

——摘自《有实力的人才会受重视》

在别人面前备受重视的最好做法，就是用真本领武装自己。是不是让人看得起，不是别人看的，而是由自己的实力决定的。

许振超曾是青岛港一名普通的桥吊司机，他凭借苦学、苦练、苦钻，成就了一身绝活儿，成为数万人的港口里响当当的技术"大拿"，进而成为闻名全国的英雄人物。

许振超可以进行"无声响操作"，偌大的集装箱放入铁做的船上或车中，居然做到了铁碰铁，不出响声，这是许振超的一门"绝活"。其实，他之所以创造了这种操作方法，是因为它可以最大程度地降低集装箱、船舶的磨损，尤其是降低桥吊吊具的故障率，提高工作效率。实践证明，它是最科学也是最合理的。

有一年，青岛港老港区承运了一批经青岛港卸船，由新疆阿拉山口出境的化工剧毒危险品，这个货种特别怕碰撞，稍有碰撞可能引发恶性事故。当时，铁道部有关领导和船东、货主都赶到了码头。为确保安全，码头、铁路专线都派了武警和消防员。泰然自若的许振超和他的队友们，在关键时候把"绝活"亮出来了，只用了一个半小时，40个集装箱被悄然无声地从船上卸下，又一声不响地装上火车。面对这轻松如"行云流水"般的作业，紧张了许久的船主、货主们不由得欢呼起来。

许振超的认识很简单：我当不了科学家，但可以有一身的"绝活儿"。这些"绝活儿"可以使我成为一名能工巧匠，这是时代和港口所需要的。就是凭借着不断的付出，许振超的"技术口袋"里的"绝活儿"越来越多了。

在企业改制过程中，不少人下岗，其中不乏中专、大专学历者，而许振超只有初中学历，硬是靠关键时刻能打硬仗的绝活儿成为了一个大型企业的员工楷模和全国劳模。

——摘自《许振超"绝活"说》

如果你想为自己争口气，就必须勤学苦练，培养自己的才能，壮大自己的实力，只有这样你才能获得别人的重视和肯定。"人往高处走，水向低处流"，一个人只有不断地提升自己的境界，才能看得更高、更远，做事才更有效率。这就要求你要学会自觉地学习和积极的思考，只要能力提高，那么你一定能够在人群中居于优势地位。只有不断提升自己，才能更好地面对挑战，取得成功！

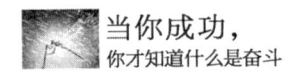

把事情做到最好

态度决定一切！只有竭尽所能把所做的事情做到最好，才有取得成功的可能。每一个人，不管他的地位、现状如何，都应该拥有一颗追求完美和卓越的雄心，如果连这一点都做不到，那么，想要有所成就是天方夜谭。

有这么一个广为流传的耐人寻味的故事：

许多年前，在日本，一个年轻的姑娘来到一家著名的酒店当服务员。这是她涉世之初的第一份工作，她将在这里正式步入社会，迈出人生关键的第一步。因此她意气风发，暗下决心：一定要好好干，不辜负老板的信任！谁知在新人受训期间，老板竟然安排她洗马桶，而且工作质量要求高得吓人：必须把马桶抹得光洁如新！她当然明白"光洁如新"的含义是什么，但她不明白为什么要洗得达到"光洁如新"这一高标准的质量要求，况且她根本就不喜欢这个工作。

说实话，她真无法忍受洗马桶。当她拿着抹布伸向马桶时，胃里立马"造反"，翻江倒海，恶心得想吐却又吐不出来，令她每天战战兢兢，如临深渊。为此，她心灰意冷，一蹶不振，面临着人生第一步应该怎样走下去的选择：是继续干下去，还是另谋职业？她不甘心就这样败下阵来。

第六章
有一种成功叫厚积薄发，做好小事才能成就大事

正在此关键时刻，同单位一位前辈及时地出现在她的面前，帮助她摆脱了困惑和苦恼，帮她迈好这人生第一步，更重要的是帮她认清了人生的路应该如何走。

这位前辈并没有用空洞理论去说教，而是言传身教，身体力行，亲自洗马桶给她看了一遍。首先，她一遍遍地抹洗着马桶，直到抹洗得光洁如新；然后，她从马桶里盛了一杯水，一饮而尽！丝毫没有勉强。

同时，前辈送给她一个含蓄的、富有深意的微笑，送给她一束关注的、鼓励的目光。这已经够用了，因为她早已激动得不能自持，从身体到灵魂都在震颤。她目瞪口呆，恍然大悟，这件事给她很大的启示，她明白自己的工作态度出了问题，于是她痛下决心："就算一辈子洗马桶，也要做一名洗马桶最出色的人！"

从此，她脱胎换骨，成为一个全新的人，她的工作质量也达到了无可挑剔的高水准：为了检验自己的自信心，为了证实自己的工作质量，也为了强化自己的敬业心，她也多次喝过马桶里的水。她很漂亮地迈好了人生的第一步，踏上了不断走向成功的人生之旅。

多年以后，这个当年洗马桶的姑娘成为日本政府的高官，她的一切成就都得益于永不停顿、永不满足的创造与卓越的行动，她就是邮政大臣野田圣子。

——摘自《做一名洗马桶最优秀的人》

野田圣子坚定不移的人生信念，表现为强烈的自驱力："就算一辈子洗马桶，也要做一个洗马桶最出色的人。"这就是她成功的奥秘所在。这一点使她多年来一直奋进在成功路上；这一点使她拥有了成功的人生，使她成为幸运的成功者。

做到最好是工作和生活的态度。也许我们尽力了却未必能够做到最好，也许机遇和境地无法让我们做到最好，但这并不重要，真正可贵的并不是你所做工作的结果，而是你所形成和表现出的踏实的职业素养和

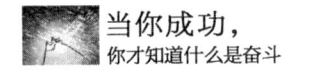

敬业精神。

每当百度公司有部门在汇报项目进展时说"我们这个产品比上一个版本好了多少多少……"的时候，李彦宏总是要问一句，"你这个产品做的是不是比市场上所有的竞争产品都要好，而且明显好？"李彦宏的言下之意，就是你有没有把事情做到极致。

"闪电计划"是百度将事情做到极致的一个典范。2001年底的中国互联网正经历泡沫破灭的阵痛。当时还只是搜索引擎服务提供商的百度也面临客户拖延付款的财务困境。李彦宏思考良久，2002年春节的鞭炮声未熄，他便亲自挂帅，发动"闪电计划"，他以一如既往的平静口吻告诉工程师们，"我们这个小组要在短时间里全面提升技术指标，特别是在一些中文搜索的关键指标上要超越市场第一位的竞争对手。"

那时，百度与市场第一名的规模相差几十倍，而当时百度产品技术团队只有15个人，要做出对手800个人做出的产品，这样的超越谈何容易？工程师们唯有日夜无休地开发程序，闭关苦修。

在最困难的时刻，李彦宏为大伙儿打气，"我们必须做出最好的中文搜索引擎，才能活下去，而且活得比谁都好。你们现在很恨我，但将来你们一定会爱我。"

正是这次只有15个人参与的"闪电行动"，用了9个月时间，抢占了用户体验的至高点，一举奠定百度在中文搜索领域的龙头地位。从此，百度的市场占有率节节攀升，路越走越宽。

2009年的百度，已经拥有7000名员工，占据76%的市场份额。在一次战略沟通会上，李彦宏通过网上直播再次向全体百度人重申："我们做事必须有领导者的心态，要best of the best，把每件事做到极致，做得比别人都更好——不是好一点儿，而是好很多。"

——摘自《把事情做到极致》

竭尽所能做好自己的工作，让别人无可挑剔，这是我们在职场如鱼得水、游刃有余的重要法宝。如果付出足够多的时间和汗水，一定会收获丰硕、甜美的果实。

要知道：成功的最大障碍就是自己。在我们心中，期望成功的心与失败的心处于同等地位。有时失败的心会说：你再怎么努力都没有用的，这根本是疯狂的构想，不可能成功的。此时你应该拿出那些期望成功的心，告诉自己：只要尽最大的努力，把事情做到最好，就一定能成功！

把握细节，成功将属于你

生活就是由一个一个琐碎的细节组成的，生活就像一个万花筒，里面五彩缤纷，其中的任何一个点滴都是人生轨迹的一部分。对人来说，生活的精彩一些，其实很简单，只需要把每一细节做好，这个人生就是成功的，就是有意义的。相反，如果不重视细节，则很可能一败涂地。看起来微不足道的事情，其中大都蕴藏着巨大的机会。懂得把握细节的人，相信未来成功一定会属于你。

李明是一个档案管理专业的毕业生，他在找第一份工作的时候，不经意看见一张旧报纸上的某公司招聘档案管理的工作人员，这份工作非常适合他的专业，但这却是10天前的招聘启事，他还没有找到合适的工作，所以打算去那家公司看看。

到那家公司后，公司的人事经理对李明非常客气，并告诉他招聘工作已经结束，所有工作人员都已经选好，这份档案工作的录取通知书也已经发了出去。也许是心中绝望驱使，李明问人事经理他们来上班了没有，人事经理说没有，应该在下个星期来报到。李明想既然人没来，他就还有一线希望。李明将他的简历递上，再次强调公司需要的档案人员应该非他莫属。人事经理看了他的材料，似乎被他优秀的专业能力和自信的态度打动，最后带他去见了总裁办公室的秘书长。

不巧，秘书长出去了，总裁正在办公室里打电话，好像对方没接，总裁正找电话本看电话号码。这时李明把电话号码写在纸上拿给他，总裁真的太吃惊了，他说他从来没见过记忆力如此惊人的人。他忙完后，接过李明写的简历，略略聊了几句，立即打电话找来人事部经理，告诉他把李明安排进总裁办公室，担任总裁办公室秘书工作。

——摘自《细节让你成功》

李明因为一个小小的细节——留心总裁做事，记住了几个电话号码，在原本没有机会的情况下成功加入了这家公司，担任了总裁办公室秘书的工作。由此可见，从小处着手，养成注意细节的习惯能使我们的事业"柳暗花明又一村"，为我们的成功提供更多的机会。

注重细节是一条通向成功的必由之路。假如一件事要成功需要一百个环节，那么要成功就必须做好一百个环节，但是要失败只需要一个环节做不好就足够了。一个人如果好高骛远，不注重持之以恒地做好小事，不注重专注忘我地处理好细节，那他绝不可能达到"举重若轻"的境界；一个人持之以恒地注重细节，勿以善小而不为，认真地做好每一件小事，处理好每一个细节，那就有可能进入举重若轻的更高境界。不要忽视身边的每一个细节，因为它可能就是你走向成功的钥匙。

日本狮王牙刷公司的员工加藤信三，有一次为了赶去上班，刷牙时急急忙忙，没想到牙龈出血。他为此大为恼火，上班的路上仍非常气愤。

回到公司，加藤为了把心思集中到工作上，硬把心头的怒气给平息下去了。他和几个要好的伙伴提及此事，并相约一同设法解决刷牙容易伤及牙龈的问题。

他们想了不少解决刷牙造成牙龈出血的办法，如把牙刷毛改为柔软的狸毛；刷牙前先用热水把牙刷泡软；多用些牙膏；放慢刷牙速度等。但效果均不太理想。后来，他们进一步仔细检查牙刷毛，在放大镜底下，发现刷毛顶端并不是尖的，而是四方形的。加藤想："把它改成圆形的不就行了！"于是他们着手改进牙刷。

当你成功，
你才知道什么是奋斗

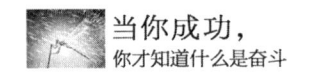

经过实验取得成效后，加藤正式向公司提出了改变牙刷毛形状的建议，公司领导看后，也觉得这是一个特别好的建议，欣然把全部牙刷毛的顶端改成了圆形。改进后的狮王牌牙刷在广告媒介的作用下，销路极好，销量直线上升，最后占到了全日本同类产品的40%左右。加藤也由普通职员晋升为科长，十几年后成为公司的董事长。

——摘自《机遇与挑战并存》

牙刷不好用，在我们看来都是司空见惯的小事，很少有人想办法去解决这个问题，机遇也就从身边溜走了。而加藤不仅发现了这个小问题，而且对小问题进行细致的分析，从而使自己和所在的公司都取得了成功。

考虑到细节、注重细节的人，不仅认真地对待工作，将工作做细，并且注重在做事的细节中找机会，从而使自己走上成功之路。细节本身往往就潜藏着很好的机会。如果你能敏锐地发现别人没有注意到的空白领域或薄弱环节，以小事为突破口，当别人都还在盲目寻找成功机遇时，你已成为成功的主人。

第六章
有一种成功叫厚积薄发,做好小事才能成就大事

让自己每天多做一点儿

俗话说:"有付出,必有回报!"付出和收获是成正比的。也许你的投入无法立刻得到相应的回报,但不要气馁,应该一如既往地多付出一点儿。回报可能会在不经意间,以出人意料的方式出现。

社会在发展,公司在成长,个人的职责范围也随之扩大。不要总是以"这不是我分内的工作"为由来逃避责任。当额外的工作分配到你头上时,不妨视之为一种机遇。提前上班,别以为没人注意到,老板可是睁大眼睛瞧着呢!如果能提早一点儿到公司,就说明你十分重视这份工作。每天提前一点儿到达,可以对一天的工作做个规划,当别人还在考虑当天该做什么时,你已经走在别人前面了!

有几十种甚至更多的理由可以解释,你为什么应该养成"每天多做一点儿"的好习惯——尽管事实上很少有人这样做。其中两个原因是最主要的:

第一,在养成了"每天多做一点儿"的好习惯之后,与四周那些尚未养成这种习惯的人相比,你已经有了优势。这种习惯使你无论从事什么行业,都会有更多的人指名道姓地要求你提供服务。

第二,如果你希望将自己的胳膊锻炼得更强壮,唯一的途径就是利用它来做最艰苦的工作。相反,如果长期不使用你的胳膊,让它养尊处优,其结果就是使它变得虚弱甚至萎缩。身处困境而拼搏能够产生巨大的

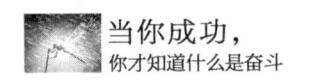

力量，这是人生永恒不变的法则。如果你能比分内的工作多做一点儿，那么，不仅能彰显你勤奋的美德，而且能发展一种超凡的技巧与能力，使你具有更强大的生存力量，从而摆脱困境。

想成为一名成功人士，必须树立终身学习的观念，既要学习专业知识，也要不断拓宽自己的知识面。一些看似无关紧要的知识往往会对未来起巨大作用。而"每天多做一点儿"则能够给你提供这样的学习机会。如果不是你的工作，而你做了，这就是机会。

有人曾经研究为什么当机会来临时我们无法确认，因为机会总是乔装成"问题"的样子。当顾客、同事或者老板交给你某个难题，也许正为你创造了一个珍贵的机会。对于一个优秀的员工而言，公司的组织结构如何，谁该为此问题负责，谁应该具体完成这一任务，都不是最重要的，在他心目中唯一的想法就是如何将问题解决。每天多做一点儿，初衷也许并非为了获得报酬，但往往获得的更多。

对亨利一生影响深远的一次职务提升是由一件小事情引起的。一个星期六的下午，一位律师，其办公室与亨利的同在一层楼，走进来问他，哪儿能找到一位速记员来帮忙，自己手头有些工作必须当天完成。亨利告诉他，公司所有速记员都去观看球赛了，如果他晚来5分钟，自己也会走。但亨利同时表示自己愿意留下来帮助他，因为"球赛随时都可以看，但是工作必须在当天完成"。

做完工作后，律师问亨利应该付他多少钱。亨利开玩笑地回答："哦，既然是你的工作，大约1000美元吧。如果是别人的工作，我是不会收取任何费用的。"律师笑了笑，向亨利表示谢意。

亨利的回答不过是一个玩笑，并没有真正想得到1000美元。但出乎亨利意料，那位律师竟然真的这样做了。6个月之后，在亨利已将此事忘到了九霄云外时，律师却找到了亨利，交给他1000美元，并且邀请亨利到他的公司工作，薪水比现在高出1000多美元。

——摘自《一件小事带来的职务提升》

亨利放弃了自己喜欢的球赛，多做了一点儿事情，最初的动机不过是出于乐于助人的愿望，也不是金钱上的考虑。亨利并没有义务放弃自己的休息去帮助他人，但他的这种放弃不仅为自己增加了1000美元的现金收入，而且为自己带来一项比以前更重要、收入更高的职务。

因此，我们不应该抱有"我必须为老板做什么"的想法，而应该多想想"我能为老板做些什么"。一般人认为，忠实可靠、尽职尽责完成分配的任务就可以了。但这还远远不够，尤其是对于那些刚刚踏入社会的年轻人来说更是如此。要想取得成功，必须做得更多更好。

一开始我们也许从事秘书、会计和出纳之类的事务性工作，难道我们要在这样的职位上做一辈子吗？成功者除了做好本职工作以外，还需要做一些不同寻常的事情来培养自己的能力，引起人们的关注。

如果你是一名货运管理员，也许可以在发货清单上发现一个与自己的职责无关的未被发现的错误；如果你是一个过磅员，也许可以质疑并纠正磅秤的刻度错误，以免公司遭受损失；如果你是一名邮差，除了保证信件能及时准确到达，也许可以做一些超出职责范围的服务……这些工作也许是专业技术人员的职责，但是如果你做了，就等于播下了成功的种子。

虽然你没有义务要做自己职责范围以外的事，但是你也可以选择自愿去做，以驱策自己快速前进。率先主动是一种极珍贵、备受重视的素养，它能使人变得更加敏捷、更加积极。如果你每天都比别人多学到一点儿知识，时间久了，你的知识面就会更加宽广，得到的将是别人惊叹的目光。

唯有"厚积"才可"薄发"

古人说得好,"唯有埋头,乃能出头。"一粒种子如果不经历在坚硬的泥土中挣扎奋斗的过程,它将只是一粒干瘪的种子,只有经过奋力地挣扎,深深扎根于大地,它才会成长为郁郁葱葱的参天大树,根扎得越深,越能经得起风雨的吹袭。

胸怀理想是迈向成功的第一步。生活中很多人仅有远大的理想和抱负,却忽略了"厚积薄发"的道理,不知道只有埋头努力,积聚力量,才能出人头地。我们不能只停留在自己曾经许下的宏伟志向上,从现在开始,低下自己高贵的头,不要去抱怨这世间的种种不平,认真努力地去攀登。

在付出辛劳的努力之后,就会发现,我们已经克服困难,希望就在眼前。在此期间,也许会碰到难于克服的孤独和寂寞,也许会面对一些诱惑,但是我们都要一一地克服,在经历一次次小的成功之后,最终才可以实现我们的理想目标。没有哪个目标是轻易可以实现的,在尚未付出辛劳艰苦的代价之前,不要遥望远大目标,从现在做起,从基本做起,一步一个脚印。

李某某,当红男旦,是一位来自吉林省农村的小伙子。2009年2月23日,李某某被聘任为"中国歌剧舞剧院"独唱演员。李某某凭借其出色的梅派表演震撼了很多观众。

从扮相到唱功，李某某历经8年打造了自己的梅派表演风格，从无到有塑造了一个全新的形象，也塑造了自己的个人品牌。

1996年，由于家庭困难，李某某把长春艺术学院编剧系的录取通知书埋在箱底，背着一个小包，拿上家里东拼西凑的200元钱，从吉林的一个小山村只身去了长春谋生。从小受身为二人转演员的母亲熏陶，他酷爱表演艺术。流浪到长春后，他到一家歌舞餐厅做起了服务员，想接触一下乐队，寻找机会进入表演行业。那段时间他跟乐队东奔西跑打过杂，回老家音像店打过工，也到营口、铁岭的小歌厅登台唱歌赶过场。尽管很辛苦，但他执著地追寻着自己的表演梦想。

1998年是李某某命运得到转机的一年。一天，一个朋友从西安打来电话说那边有个场子价钱还不错，他拎起包踏上了西去的列车，继续白天音像店晚上歌舞餐厅的打工生活。1998年的抗洪刚结束，有一首男女对唱的歌曲《为了谁》火遍大江南北。一天，李某某要和一个女歌手搭档演唱这首歌，可是，在登台之前，前期工作都已经准备就绪，女歌手突然不见了。老板如热锅上的蚂蚁，李某某一咬牙说，我自己来。在所有人的质疑中，他登台了。

高考之前李某某曾上过几天音乐学习班，班里有个同学的父亲唱男旦，偶尔教他唱过几句女声，加上在音像店打工时跟来买戏曲光盘的老头一起哼哼着偷学了点，李某某凭着这点粗浅的功夫一人演绎了这首男女对唱，结果台下客人掌声、叫好声连成一片，小费就收到500元。

下台后老板跑过来拍着李某某的肩膀并和他握手，他说李某某唱得非常好。当即，老板辞退了那位女歌手，把李某某的工资从每场80元涨到160元。李某某平生第一次体会到做演员被观众欢呼的尊严。《为了谁》算是李某某的成名曲，也是他从一个不入流的歌手向一名知名演员转变的重大转折点。从此以后，李某某找到了一条和其他歌手完全不同的路。

为了尽自所能地塑造好各种舞台形象，李某某不光要学唱功、学表

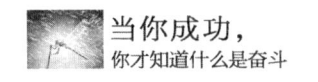

演、学舞蹈（包括学习芭蕾，那时他已经23岁），甚至还要钻研化妆、服装、造型等各种艺术门类的绝技。他为自己的每一次演出亲自选布料，染色彩，设计服装，甚至亲手描绘衣服上的每一朵花、每一片叶，还特地拜著名化妆师毛戈平为师，学习化妆技巧，每一次演出李某某都亲自化妆。

李某某在圈里有了些名气之后，到处跑场成了李某某接下来几年中的生活内容。他几乎走遍了全国的大江南北，每到一地，李某某有两件事情是必做的：找音像店白天打工，晚上找老师拜师学艺。前前后后，李某某拜过上百位老师，包括演艺界、戏曲界、服装界、化妆界、舞蹈界、声乐界……其中不乏各个领域的领军人物。

2005年春节的第一天，法国《欧洲时报》头版头条刊登了一条消息：中国当红男旦演员李某某随中国"玫瑰钻石表演艺术团"赴欧洲巡演，把中国古老的艺术带出国门。十几天之后，欧洲各国认识了李某某这位演员。期间，有法国艺术家邀请李某某留在法国发展，被他婉拒。他认为学习国粹艺术并把它发扬光大，只有在中国才有这种氛围。中央电视台还对李某某做了专题报道。从此，李某某的名字在中国家喻户晓。2006年7月，李某某在《星光大道》节目中以甜美的歌声、婀娜的舞姿、俊俏的扮相获得年度季军，李某某成为当之无愧的平民偶像。李某某后来多次参加国内外大型综艺演出，受到了观众的高度赞誉和一致好评。

李某某的成名之路布满艰辛。李某某的演出风格个性鲜明、唯美时尚，将民歌、舞蹈、京剧有机地融为一体，唱腔高亢嘹亮、甜美悠扬，给观众以强烈的视觉、听觉冲击力，这与他苦心钻研、埋头努力是分不开的。其实，每一个有作为的人几乎都经历过埋头努力、厚积薄发的历程。

——摘自《李玉刚其人》

看过《人与自然》，人们才发现企鹅要上岸的时候，总是先拼命下潜，到达一定深度后调转方向，奋力划水，冲出水面，在空中画出一道漂亮的弧线落到冰面上。企鹅的深潜，为的是蓄势，为的是积聚力量，更是为了飞得更高，跳得更远。

机遇只会眷顾有准备的人，没有耕耘，何来收获？无限风光在险峰，想领略山顶的风景，你就不能光站在山脚仰望高山，你应该低下头，鼓足劲，一步一个脚印，沉下心来，踏实地往上攀登，流汗甚至流血也绝不放弃。当你战胜了一道又一道峻岭关隘的挑战，不断突破，不断超越并最终成功登顶时，才能真正感受到"登泰山而小天下"的豪迈，天地一览无余，精彩尽收眼底。

　　再饱满的种子如果不经历风吹雨淋，烈日暴晒，不经历艰难破壳和破土的阵痛，将永远只是一粒被包裹在壳里的种子，而永远长不成参天大树。成功不是从天上掉下来的。一分耕耘一分收获，不付出努力，不去奋斗，仅仅空望着遥远的目标做梦是没有用的。只有从基础做起，踏踏实实地朝着目标奋进，才会慢慢接近理想、实现理想。

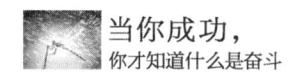

做事别虎头蛇尾，半途而废

如今社会中，有很多人做事都是"虎头蛇尾"型的。所谓虎头蛇尾是指，做事有一个很好的开头，却没有一个令人满意的结尾，以至给人留下一种有始无终、半途而废的印象。有一幅漫画对做事有头无尾、有始无终的人做了形象的刻画：一个人挖了很多的水井，那些井有的深有的浅，但都没有挖到一定的深度，他始终没有喝到水。生活中，这样做事总是虎头蛇尾的人，领导是不敢把重要的任务交给他的。

虎头蛇尾的人往往就是这样，已布置的工作，如果没有督促就不会积极地实施。譬如许多单位年初开列一系列计划目标，并且细分到每一个部门、每一个单位甚至每个人，所做的事情也已经安排好了。但是到了年底，这些计划、任务完成得如何？哪些已经完成了？哪些还没有完成？离目标值还有多少距离？无法完成计划的原因何在？要么统统没有下文了，要么只有包含着大量"大约""可能"等词汇含糊不清的总结。

很多人之所以一生都没有什么成就，不是因为他们能力不够、热情不足，而是缺乏一种坚持不懈的精神。他们工作往往虎头蛇尾、有始无终，做事东拼西凑、草草了事。他们对目标容易产生怀疑，行动也始终处于犹豫不决之中。比如，他们起初对一项工作充满了热情，可是刚做到一半时又会觉得另一份工作更有前途。他们时而信心百倍，时而又低落沮丧。可

第六章
有一种成功叫厚积薄发，做好小事才能成就大事

以说，这种人也许能短时间取得一些成就，但是，从长远来看，最终一定会是一个失败者。因为在这个世界上，没有一个做事虎头蛇尾、迟疑不决、优柔寡断的人能够获得真正的成功。

许多年前的一天，有一个人正要将一块木板钉在树上当隔板，这时富家子弟贾金斯便走过去管闲事，说自己想帮他做这件事。他拿过那人手中的木板说："你应该先把木板头子锯掉再钉上去。"于是，他找来锯子之后，还没有锯到两三下又撒手了，说要把锯子磨快些。

于是他又去找锉刀，接着他又发现锉刀用起来并不顺手，想在锉刀上安一个顺手的手柄。然后，他又去灌木丛中寻找小树，可砍树又得先磨快斧头。磨快斧头需将磨石固定好，这又免不了要制作支撑磨石的木条。制作木条少不了木匠用的长凳，可这没有一套齐全的工具是不行的。于是，贾金斯到村里去找他所需要的工具，然而这一走，就再也不见回来了。没办法，原先打算亲自钉木板的那个人只好自己来做这件事了。

贾金斯无论学什么也都是虎头蛇尾，有始无终，半途而废。他曾经废寝忘食地攻读法语，但他后来发现要真正掌握法语，必须先对古法语有透彻的了解。而没有对拉丁语的全面掌握和理解，要想学好古法语是不可能的。贾金斯进而发现，掌握拉丁语的唯一途径是学习梵文，因此便一头扑进梵文的学习之中，这可就更加费力费时了。最后，贾金斯还是放弃了。

贾金斯一生从未获得过什么学位，他所受过的教育也始终没有用武之地。尽管他的先辈为他留下了一些本钱，他却不懂得如何投资。他拿出10万美元投资办一家煤气厂，可是煤气所需的煤炭价钱昂贵，这使他大为亏本。于是，他以9万美元的售价把煤气厂转让出去，开办起煤矿来。可这次又不走运，因为采矿机械的耗资大得吓人。因此，贾金斯把在矿里拥有的股份变卖成8万美元，转入了煤矿机器制造业。

从那以后，他便像一个内行的滑冰者，在有关的各种工业部门中滑进滑出，没完没了……

——摘自《虎头蛇尾，做事有始无终，半途而废（2）》

当你成功，你才知道什么是奋斗

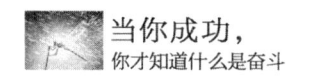

尽管贾金斯学习了很多知识，尝试了各种领域，但都因为虎头蛇尾的坏习惯而一事无成。我们很多人就像故事中的贾金斯一样，做事虎头蛇尾、半途而废。这样做带来的损失是巨大的，不仅是事情没有完成，更重要的是有可能给你带来心理上的挫折感，甚至可能使你从此养成虎头蛇尾的做事习惯，而这将是个人最大的损失。

对一位积极进取的人来说，虎头蛇尾的恶习最具破坏性，也最具危险性。它会吞噬你的进取之心，它会使你与成功失之交臂，使你永远不可能出色地完成任何任务。古人云"行百里者，半于九十"就是这个道理。

美国科学家贝尔宣布，自己发明了第一步电话机，此事轰动当时科学界。不料科学家莱斯对贝尔提出了诉控，声称电话机的发明权应该归他所有。

法院调查得知后提出：在贝尔之前，莱斯的确发明出了一种利用电流进行传声的装置，能把声音传到1000米以外的地方。但是，这种装置仅能单向传声，不能双方互相交谈，对此莱斯表示认同，于是科学家和法院认定，这种装置还不能称为电话机。

贝尔说，他曾借助过莱斯的实验结果，但是，通过将间歇的电流改变为连续直电流，他解决了电话声短促、多变的难题。他又将莱斯装置上的一颗螺丝钉继续拧了半圈，仅仅五丝米，于是电话就能互相接通了。

法院最后判决莱斯败诉，电话的发明权归贝尔所有。莱斯说自己在离成功五丝米的地方失败了。

——摘自《不坚持失败的例子》

开始做一件事情，需要的是决心与热情；而完成一件事情，需要的则是恒心与毅力。缺少热情，事情无法启动；但只有热情而无恒心与毅力，我们很难将一件事情做得完整、到位。如今社会，虎头蛇尾的现象十分普遍，这种现象也就是我们常说的"冷热病"，无论是对待工作或做其他事，常常是"三分钟热度"，其实这是意志力不强、缺乏坚韧毅力的表现。

一个人没有意志力就不可能达到预定目标。坚强的意志，对人的行动有着巨大的推动作用。坚忍的毅力和其他被人们珍视的可贵品质一样，需要在生活的风雨中练就，而不能企盼上苍的恩赐。我们只有克服自己的弱点，战胜自我，培养顽强的意志，才能改变做事虎头蛇尾的状况。

　　一个人虎头蛇尾，做事有始无终、半途而废是很难有所成就的，一件事或一份工作如果未完成，那么它们对最终目标没有任何意义。当你坚持到底，用全部的心力去做事时，你才能获得值得骄傲的业绩。你的努力没积累到一定程度，怎么可能达到质的飞跃呢？

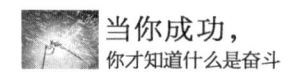

告诉自己：一次只做一件事

歌德曾说："一个人不能骑两匹马，骑上这匹，就要丢掉那匹。聪明人会把凡是分散精力的要求置之度外，只专心致志地去学一门。"只要你专注于某事，不懈努力，成功终将属于你。反之，精力过于分散，哪怕最简单最熟悉的事情都做不好，更别提掌握它、精通它了。

凡是做事高效的人，一般会有一个习惯，那就是一次只做一件事。一次只做一件事就意味着把精力集中在一件事上，不随意动摇，不见异思迁。

在我们这个星球上，如果以单位面积来计算人数的话，最拥挤的地方可能要数纽约市中央火车站的咨询处了。每天，那里都是人潮拥挤，匆匆忙忙的旅客争抢着询问自己不明白的问题，都希望能够立即获得答案。对于问询处的服务人员来说，工作的紧张与繁重可想而知。疲于应对是他们的共同感受。可是柜台后面的那位一直被评为最高效的服务员却是个例外，他看起来并不紧张，有些令人不可思议。这位服务人员戴着眼镜，样子文弱，却要面对大量秩序混乱和缺乏耐心的旅客。他是怎样在如此巨大的压力面前还镇定自若的呢？

在他的面前有一位旅客，是一个又矮又胖的妇女，头上戴着一条头巾，已被汗水湿透，她的脸上充满了不安与焦虑。这位服务人员倾斜着半

第六章 有一种成功叫厚积薄发，做好小事才能成就大事

身，以便能倾听她的声音。

"是的，你要问什么？"他集中精神，透过厚镜片看着这位妇人："你要去哪里？"

这时，有位一手提着皮箱，穿着时髦，头上戴着昂贵帽子的男人，试图插话进来。但是，这位服务人员旁若无人，继续和这位妇人说话："你要去哪里？"

"春田。"

"是俄亥俄州的春田吗？"

"不，是马萨诸塞州的春田。"

他没有看行车时刻表，就说："那班车是在10分钟之内，在第15号月台出车。你不用跑，时间还多得很。"

"你说是15号月台吗？"

"是的，太太。"

"15号？"

"是的，15号。"

妇人转身离开，这位先生立刻将注意力移到下一位客人——戴帽子的那位男士身上。但是，很快，那位太太又回头来问一次月台号码以防止记错。"你刚才说的是15号月台？"

这一次，这位服务人员已经集中精神在戴帽子的男士身上，不再管这位头上扎丝巾的太太了。

有人问那位服务人员："能否告诉我，你是如何做到并保持冷静的呢？"

那个服务人员这样回答："我根本没有和很多人在打交道，我只是单纯地在接待一位旅客。忙完了一位，才换下一位。在一整天之中，我每次只服务一位旅客。"

——摘自《成功的追求》

很多人在工作中把自己搞得疲惫不堪，而且效率低下，很大程度上就在于没有掌握这个简单的工作方法：一次只解决一件事。我们总试图一次

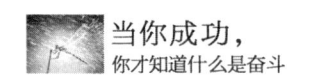

多做些事,让自己具有高效率,而结果却常常适得其反。

在从事一项工作的时候,不要因为受到干扰或者疲倦就放下正在做的工作,转身去做其他不相干的事情,除非你只是想去呼吸一下新鲜空气。因为如果这件工作还没有结束,就又开始另一件工作的话,你的大脑就会开始混乱。我们一定要力求把手头上的工作做完以后再开始另外的工作,即使这项工作暂时遇到了阻碍,也要尽力去做完。

有一位职业经理人去拜访美国著名人际关系交往专家戴尔·卡耐基。看到卡耐基干净整洁的办公桌他感到很惊讶,问卡耐基:"卡耐基先生,你把没处理的信件放到哪儿呢?"

卡耐基说:"我的信件都处理完了。"

"那你没干的事情又推给谁了呢?"经理人紧追着问。

"我所有的事情都处理完了。"卡耐基微笑着回答。看到这位经理人困惑的表情,卡耐基解释说:"原因很简单,我知道我所需要处理的事情很多,但我的精力有限,一次只能处理一件事情,于是我就按照所要处理的事情重要性,列一个顺序表,然后就一件一件地处理。结果,就全都处理完了。"说到这儿,卡耐基双手一摊,耸了耸肩膀。

"噢,我明白了,谢谢你,卡耐基先生。"

几周后,这位经理人请卡耐基参观他宽敞的办公室,对卡耐基说:"卡耐基先生,感谢你教给了我处理事务的方法。过去,在我这宽大的办公室里,我要处理的文件、信件等等,都是堆得和小山一样,一张桌子不够,就用三张桌子。自从用了你说的方法以后,情况好多了,瞧,再也没有没处理完的事情了。"

这位经理人,就这样找到了做事的办法,几年以后,成为了美国社会成功人士中的佼佼者。

——摘自《从做事做起》

著名管理学者亚当斯·兰斯登曾说:"我赞赏有条理的工作方式……看看有条理的经营者的工作方式。他办公桌上的公文已减到了最少的程度,因为他知道一次只能处理一份公文。当你问他目前的某件公文时，他立刻可从公文柜中找出。当你问起某件已经完成的公文时，他也用不了多久就能想起放在何处。当交给他一份备忘录或是计划方案时，他肯定会插在适当的卷宗里。再看看他的公文包，包中绝不会是三天旅行所用的东西，而是归类分明的公文。其中也许有文具和杂物，但绝对不会是像一个废物箱。因为做事高效率的人都懂得办事的条理，一次只做一件事。"

生活中，我们要提醒自己，现在到底应该做的是什么事情。因为我们一次只做一件事，这样便能够把所有的精力都集中在这件事情上，不受其他的事情影响，从而提高自己的效率，也有助于自己走向成功。

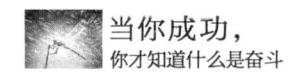

踏实地做好小事，才能成功

我们的童年时代里，老师或家长时常会夸某个孩子学习比较踏实。踏实是人人都能做到的，与先天条件没有太大关系，关键是你做人做事的态度。洪应明说："酷烈之祸，多起于玩忽之人；盛满之功，常败于细微之事。"

故语云："人人道好，须防一人着脑；事事有功，须防一事不终。"因为玩忽职守，而得惨烈之祸；因为细节不慎，而致功亏一篑。要考虑让身边的人都满意，还要考虑让所有的好事都善始善终，何其难也！

在职场中，时常会听到有人形容自己的境遇"如履薄冰"，而那些踏实做事、勤恳努力的人心情就会轻松一些，因为他们相信自己能把事情做好。有人总是抱怨自己所干的工作并不是自己喜欢的工作，总是羡慕别人。无论是高级职员还是普通员工，被企业聘用，虽说是出于自己的自愿，但有时并不一定能得到自己喜欢的工作。即使老板，因为最初的阴差阳错，或者发展中的时移世易，他所经营的事业也未必就与自己的兴趣吻合。这样的情形，大多数人都会碰到。但"既来之，则安之"。也许过个一年半载，你对当前的工作兴趣就培养起来了。那种不满意现有工作就跳槽的想法是不可取的。实际上并没有那么多好职位在等你，你首先要在当前的工作岗位上表现得优秀才行。

第六章
有一种成功叫厚积薄发，做好小事才能成就大事

一个人不一定能做成什么大事，但身边的小事却完全可以做得尽可能好。通常我们的工作是极琐细繁杂的，不以善小而不为，同时又努力把小事做到位，其实就是在小事中实现自己的人生价值。

有位经理叫杨新喻，亲自招聘了一位名校的女孩做他的助理，做的是票据报销等一些小事。这个女孩做事很麻利，风风火火，很有干劲，希望在经理助理位置上大干一番。杨新喻也是重点培养她，手把手地教她，经常给她指点。没想到，三个月后，她提出了辞职，原因是"整天只做贴票和报销的工作，太没意思，不能锻炼人"。

杨新喻干上经理也是从这个岗位提上来的。几年前他从财务处被调到了总经理办公室，担任总经理助理的工作，其中有一项工作，就是帮总经理报销他所有的票据。本来这个工作很简单、很琐细，把票据贴好，然后完成财务上的流程，只要不出错，就可以了，大部分认真踏实的人都能做好。

杨新喻认为，小事做好，首先离不开认真二字。票据是一种数据记录，它记录了和总经理乃至整个公司营运有关的费用情况。看起来是没有意义的一堆数据，其实它们涉及了公司各方面的经营和运作。在接手这个工作后，他就建立了一个表格，将所有总经理报销的数据按照时间、数额、消费场所、联系人、电话等记录下来，并做了相关汇总。

通过这样的一份数据统计，他发现了一些商务活动中的规律。比如，哪一类的商务活动，经常在什么样的场合，费用预算大概是多少，总经理在公共关系中的常规和非常规的处理方式，等等。

他起初建立这个表格的目的很简单，就是想在财务上有据可循，同时总经理有情况来询问他的时候，他会将准确的数据告诉总经理。总经理发现，每次布置工作的时候，杨新喻都会处理得很妥帖。有一些信息是总经理根本没有告诉他的，他也能及时准确地处理。总经理对他的工作相当满意，来了兴趣，问他怎么把工作做得如此好时，杨新喻告诉了总经理自己的工作方法和信息来源，从而得到总经理的赞许。

当你成功，
你才知道什么是奋斗

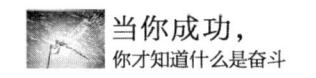

基于杨新喻这种良性积累，总经理越来越多地把重要的工作交代给他。渐渐地，总经理和杨新喻之间产生了信任和默契。杨新喻升职的时候，总经理说他是用过的最好的助理。

——摘自《埋头做小事的杨新喻》

做同样的工作，两个人却是不同的结果。杨新喻坦言：他觉得那个女孩最大的问题是没有真正用心，在看似简单不动脑子就能完成的工作里，她没有把心沉下去，没有认真地对待细小繁琐的工作，心高气傲，还觉得自己挺有能耐，几个月下来，自己没有进步，没有从小事中得到锻炼。具有讽刺意味的是，这个女孩一年内换了三份工作，每一次都坚持不了多久，每一次她都说新的工作不是她想要的工作，觉得没意思、没前途。这样，跳来跳去，本来很优秀的大学毕业生，两年后还在游荡，而她的好些同学都已经在立足扎根，干得有声有色了。

大学毕业之后的最初几年，重要的不是你做了什么，而是你在工作中养成了什么样的工作习惯。大多数新手在前几年里是看不出多大差距的。但是这最初几年的经历，为以后职业生涯的发展奠定了良好的基础，这是至关重要的。很多人不在乎年轻时走弯路，觉得日常的工作人人都能做好，没什么了不起。然而就是这些简单的工作，渐渐成为了今后发展的分水岭。

自认为聪明的人，总是不认为自己的能力有问题。他习惯于抱怨自己运气不好，抱怨那些看起来资质普通的人却能撞大运，抱怨别人比自己更会讨领导欢心。慢慢地，他的心态变了。所谓怀才不遇，大概就是这种情况。其实，只有脚踏实地地把每一件小事做好，才能让自己最终获得成功。

把闲暇时间利用起来

一滴水的分量是微小的,但无数滴水却能汇聚成广阔的海洋。如果我们能把握好每天的业余时间,将点滴的时间用作自我提升、积聚力量,那么一月、一年下来,我们就能在这些业余时间里收获良多。

一个人想要成功,时间管理非常重要,成功者大多是出色的时间管理专家。时间不仅是人人皆有的资源,而且是人生最大的资本。我们要想在有限的时间内创造出优秀的业绩,必须懂得恰当地支配自己的时间,尤其是闲暇时间。否则,时间会在身边白白流失,让你的事业一无所成。

李嘉诚虽然年岁渐老,但依然精神矍铄,每天要到办公室中工作,从来不曾有半点儿懈怠。据李嘉诚身边的工作人员称,他对自己业务的每一项细节都非常熟悉,这和他几十年来养成的良好的生活工作习惯密切相关。

李嘉诚晚上睡觉前一定要看半小时的新书,了解前沿思想理论和科学技术,据他自己称,除了小说,文、史、哲、科技、经济方面的书他都读,每天都要学一点东西。这是他几十年保持下来的一个习惯。

他回忆说:"年轻时我表面谦虚,其实内心很'骄傲'。为什么骄傲?因为当同事们去玩的时候,我在求学问,他们每天保持原状,而我自己的学问日渐增长,可以说这是自己一生中最为重要的。现在仅有的一点儿学

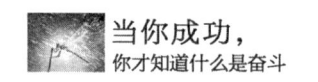

问，都是在父亲去世后，几年相对清闲的时间内每天都坚持学一点儿东西得来的。因为当时公司的事情比较少，其他同事都爱聚在一起打麻将，而我则捧着一本《辞海》、一本老师用的课本自修。书看完了卖掉再买新书。每天都坚持学一点儿东西。"

——摘自《每个人都是自己的CEO》

李嘉诚每天在闲暇时间，靠着自己的勤奋坚持学习，每天进步一点点，使他始终没有被快速发展的时代抛到后面，也使他有足够的智慧应对商场中的各种风险。所以，李嘉诚能有今日的成就，绝非偶然。如果我们每天能在闲暇时间里获得1%的进步，如滚雪球似的前进，那么，终有一天这1%也会创造出奇迹，带来一场"翻天覆地"的变化。

福特汽车创始人亨利·福特说："大部分人都是在别人荒废的时间里崭露头角的。"从一个年轻人怎样利用零碎时间就可以预见他的前途，因为自强不息、随时求进步的精神，是一个人卓越超群的标志，更是一个人成功的征兆。

14岁那年，艾里斯顿认识了爱德华，他的家庭钢琴教师。

在一次授课时，爱德华好像无意地问他："你每天用多少时间来练琴？"

"大约三四个小时。"艾里斯顿答道。

"每次练琴，时间都很长吗？至少要一个多小时？"

"我想是这样的。"

"不，不要这样！"爱德华抬起头来认真地说，"等你长大以后，你每天不会再有这么多的空闲时间用来练琴。你必须从现在开始养成这样一个习惯：一有空闲，就坐下来练几分钟。比如：你在午饭之前、上学回来之后、或者将来的工作之余，五分钟、五分钟地练习。不放弃这些细碎的时间，这样，弹钢琴就成了你日常生活的一部分了。"

24岁那年，艾里斯顿成了哥伦比亚大学的一名教授，他开始想要兼职搞创作。但是，每天白天要上课、开会，晚上要看学生的作业，还要准备第二天的课，他觉得自己的时间被完全占用了。在两年的时间里，他没有

第六章
有一种成功叫厚积薄发，做好小事才能成就大事

写一个字，因为他觉得自己实在是没有时间。

直到有天晚上将要入睡的时候，他突然想起了爱德华的话。当年由于年幼疏忽，艾里斯顿对爱德华的话未加注意。现在回想起来觉得真是至理名言，他觉得自己应该行动起来，做一点事情了。

在接下来的一周里，只要一有空闲，艾里斯顿就坐下来写一百来个字，或者仅仅是几行字。让他惊讶的是，一周过后，他发现自己竟然积攒了相当多可供采用的稿子。

用这种积少成多的方法，艾里斯顿开始创作长篇小说。尽管他的教授工作一天比一天繁重，但他仍然有许多可利用的闲暇时间。与此同时，他还没有间断练习钢琴。他发现，只要把每天的闲暇时间都利用起来，足够自己从事写作和练习钢琴了。

随着时间的推移，艾里斯顿还总结出一些规律：要事先对自己所做的事情有所思考。如果自己只有五分钟的时间，绝不能把前三分钟用于咬笔头。而当工作时间来临时，自己要迅速把精力集中到工作上去。只要自己毫不拖延，又充分地加以利用，这些短小的时间碎片就会积少成多，变成足以成就大事的长时间。

多年以后，艾里斯顿成了美国著名的诗人、小说家和出色的钢琴家。

——摘自《现代教育报》

其实，生活中有很多零散时间可以利用，如果你能化零为整，那你的工作和生活将会更加轻松。生活中很多人总是埋怨自己的时间太少，与此同时，他们却对生活中的点滴时间视而不见。随着网络的普及和完善，越来越多的人把时间耗费在了网络上。当然，不排除一部分人是通过网络聊天来进行业务往来，联系感情，增进友谊。但是据不完全统计，网上聊天的内容99%都是毫无意义的。

除此之外，人们还把大量的闲余时间用于打网络游戏。他们整日整夜地泡在网上，只是为了找寻一种解脱，为了解闷。这些人在网络游戏里得到了娱乐和放松。但是在纵情放松的时候，有没有想过自己的花样年华正

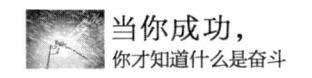

在一点点慢慢地流逝？尽管这些时间都很短暂、很零碎，但你是否想过要把这些时间都收集利用起来，去做一些真正有意义的事情呢？

事实上，这些所谓闲暇时间的每一分钟，都是我们生命的一部分。每天抓住5分钟，一年下来，10年下来，我们将拥有一笔巨大的时间财富，足以支撑我们做成任何一件大事。成大事者与未成大事者的区别在于，他们是否能够把握好自己的闲暇时间，在这些点滴的时间里积聚自身的力量。

把握生活中的细节

一句话、一个手势、一个动作、一个笑容，都是微小的细节，在很多的时候，这些细节都不会直接造成什么后果，也不会引起人们的足够重视，但有时候却是致命的，也许它们会改变整个事情的进程。这并非是危言耸听，而是被古今中外的事实反复证明的。

在现实的生活中，细节的重要性比比皆是。人们常说"千里之行，始于足下"，"万丈高楼平地起，知识在于积累"等，其实都蕴藏着细节重要性的哲学道理。所以，我们在生活中一定要重视细节，千万别让细节误了自己。

小章和小陈同时应聘进了一家中外合资公司。这家公司待遇优厚，个人的发展空间也很大。他们俩都很珍惜这份工作，拼命努力以确保顺利通过试用期，因为公司规定的淘汰比例是2:1，也就是说，他们俩必须有一个会在三个月后被淘汰出局。

小章和小陈都咬着牙卖劲地工作，上班从来不迟到，下班后还要经常加班，有时候还帮着后勤人员打扫卫生、分发报纸……

部门经理是一个和蔼可亲的人，他经常去这二人的单身宿舍和他们交流、沟通，这使他们受宠若惊。所以这二人特别注意个人卫生，都把各自的宿舍整理得干干净净。

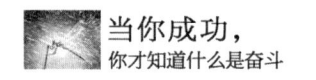

三个月后，小章被留了下来，小陈悄无声息地走了。

半年后，小章被提升为部门主管，和经理的关系也亲近了起来，便问经理当初他和小陈表现几乎一样，为什么留下来的是他而不是小陈。经理说："当时从你们中选拔一个是很难，工作上不分高低，同事关系也很融洽，能力也都不弱，而且都非常有上进心。所以我就常去你们宿舍串门，想更多地了解你们。结果我发现了一个现象，凡是你们不在的时候，小陈的宿舍仍然亮着灯，开着电脑；而你的宿舍只要人不在灯便熄灭，电脑也关了，所以我们最后确定了你。"

——摘自《老实人等待机会：机会蕴藏在小事中》

不要忽视任何一个细节，一个墨点足可将一整张白纸玷污，一件小事足可以毁了你的前程。在现代激烈的职场竞争中，细节常会显出奇特的魅力，它不仅可以增添你的魅力指数，增加你的工作绩效指数，还可博得上司的青睐，获得更多更好的机会。

在职业棒球队中，一个击球手的平均命中率是0.25，也就是每4个击球机会中，他能打中1次，凭这样的成绩，他可以进入一支不错的球队做个二线队员。而任何一个平均命中率超过0.3的队员，则是响当当的大明星了。

每个赛季结束的时候，只有十一二个球员的平均成绩能达到0.3。除了享受到棒球界的最高礼遇外，他们还会得到几百万美元的工资，大公司会用重金聘请他们做广告。

但是，请思考一个问题，伟大的击球手同二线球手之间的差别其实只有1/20。每20个击球机会，二线队员击中5次，而明星队员击中6次，仅仅是一球之差！

人生也是一场棒球赛，从"不错"到"极品"往往只需要一小步。

年前的一天，张军去一家公司应聘，这家公司招聘一名营销经理，年薪8万元。张军一路闯关，从99位应聘者中杀出，终获总裁召见。

那一天，张军飘飘然地走进总裁办公室。总裁不在，只有一位年轻漂亮的女秘书洋溢着一脸职业性的微笑，对他说："先生，您好，总裁不在，

第六章
有一种成功叫厚积薄发，做好小事才能成就大事

总裁让您给他打个电话。"

张军掏出手机，拨了一串号码。但就在这时，他看见办公桌上有两部电话，就问女秘书："我可以用用吗？"

"可以。"女秘书依然微笑着。

张军拿起电话，终于跟总裁联系上了。总裁在那端兴奋地说："小张啊，我看了你的简历，打听了你的答辩情况，的确很优秀，欢迎你加盟本公司。"

张军高兴得心花怒放，第一个反应就是要将这个好消息与他的女友分享。半个月前，女友出差去了国外。张军刚拨了手机，却又迟疑了：这可是国际长途啊！这时，张军又看了看那两部电话，忽然想到：我都快是公司的人了，他们是大公司，不会在乎一点儿电话费吧？于是张军便拿起电话："喂，米妮吗？告诉你一个好消息，总裁已经……"

恰在这时，另一部电话响起。

"先生，您的电话。"女秘书送了他一个诡秘的笑。

"对不起，小张，刚才我的话宣布作废。通过网络监控，你没能闯过最后一关，实在抱歉……"总裁在电话里温和地对他说。

"为什么？"张军呆呆地问。

女秘书惋惜地摇摇头，叹道："唉，许多人和您一样，都忽略了一个微小的细节。在没有成为公司正式员工之前，明明身上有手机，为什么不用自己的手机呢？"

——摘自《细节决定成败》

生活中有些细节确实与个人密不可分，有些细节本身就潜藏着很大的机遇，只是很多时候我们习惯了等待别人给予，而懒得先去付出。一旦你有一双善于发现的慧眼，注意到别人忽视的空白领域或是薄弱环节，找准机会，以小事为突破口，让细节彰显出耀眼的光芒，那么你就可能在工作中得到质的飞跃，关键是你没有一双善于发现的眼睛和从小事做起的耐心。

当你成功，你才知道什么是奋斗

　　再高的山都是由细土堆积而成的，再宽广的江河也是由细流汇聚而成的，再大的事都必须从小事做起，先做好每一件小事，大事才能顺利完成。一个细节的忽略往往可以铸成人生的大错，可以让事业坠入黑暗的低谷；而一个细节的讲究，可以让企业咸鱼翻身，可以在谈判中力挽狂澜。有些人奉行做大事，认为自己高人一等、胜人一筹，从而忽视小节，结果不但没有提升自己，反而让自己更加地失败。因为他们不明白，只有把握生活中的细节，才会有大的收获。

注重小事，关注细节

每一个人，包括在人们眼中工作性质最不"重复"、从事创造性活动的艺术家们，他们的作品还不都是一笔笔、一刷刷重复出来的？为了后来的成功，他们当初不知重复了多少遍简单枯燥的临摹等工作。

这个世界上最难做的其实是小事，尤其是重复地做一件小事。成功不是孤立存在的，它是由一件一件的小事串联起来的，就像大海汇聚了无数的小溪才得以如此波澜壮阔，夜空点缀着无数的星星才得以银河灿烂，而我们只有养成注重细节的习惯，具备细心的品质，才能不断地累积成功的资本，任何希图侥幸、立时有成的想法都注定要失败，要知道成功没有捷径。

菲利曾是美国费城百货商店的职员，热情而乐于助人，对工作兢兢业业。在他22岁那年的一天下午，他正在店里忙着，外面下起了大雨。这时，一位老太太蹒跚地走进了商店来避雨。就像许许多多冷漠的人一样，其他店员们都对她爱理不理。菲利习惯性地走过来诚恳地对她说："夫人您好，我能帮您什么吗？"老太太莞尔一笑道："谢谢，不用，我只是想在这儿避会儿雨，立刻就走。"

不过，老太太很快意识过来，自己应该在这里买一点儿东西，才能在这里名正言顺地避雨。想到这里，她就准备到店里面转转，看可以买点儿

当你成功，你才知道什么是奋斗

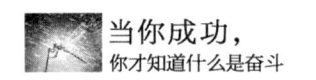

什么东西。这时，菲利搬了一把椅子过来，对老太太说："夫人，您不必为难，请您坐会儿，等雨停了再走吧。"老太太对他非常感激。两小时后，雨过天晴，老太太向菲利要了一张名片后就走了。

几个月后，费城百货商店的总经理收到一封信，信中明确要求菲利到苏格兰接收装潢一整座城堡的订单，并让他承包自己家族所属的几个大公司下一季度办公用品的采购订单。总经理惊喜不已，因为他发现这封信给百货公司带来的利润相当于公司两年利润的总和。

这不是天上掉馅饼吗？心中迷惑不已的总经理立即与写信人联系，这才知道，这封信出自一位老太太之手，而她就是美国亿万富翁"钢铁大王"卡耐基的母亲。

大喜之下的总经理马上把菲利推荐给董事会。当菲利飞往苏格兰时，他已经成为费城百货商店的合伙人了。

不久，受卡耐基母亲的推荐和诚恳邀请，菲利进了"钢铁大王"卡耐基的公司，在这里，他仍然坚持着自己忠诚、勤恳、严谨的工作态度和工作作风，受到了卡耐基的赏识，后来成为了卡耐基的得力助手，事业蒸蒸日上，最后一跃变成富可敌国的重要人物。

菲利的机会并不是来自他的才能的展示，而是他周到服务的一个细节。我们每个人一生中都能遇到很多次帮助别人的机会，但真正能够认真对待这种"小事"的能有几位呢？

——摘自《卡耐基的母亲之选才之道》

细节是母亲手中的缝衣针，一针一线里饱含着挚爱，母亲用它点燃希望的火焰；细节是机器上一颗细小的螺丝钉，钻到最需要它的地方去，机器有了它才运转自如；细节是浩瀚星空中一颗耀眼的小星星，指引我们走向成功的殿堂。

细节用它的魅力吸引着无数的眼球，很多事的成功都体现在细节的功夫上。没有脚下一步一步的行走，就没有千里之外的目的地；没有一砖一瓦的累积，也就没有高楼大厦的耸立。同样的道理：只有知识一点一点地累积，才有能力水平不断地提高。很多时候，在职场比拼难分伯仲时，最后的胜利并不是能力的胜出，而是细节的胜利。

有一班大学同学，毕业10年后又聚到了一块儿。大家互通信息后发现，如今有的人成了博士、教授、学者或作家，有的人是公司老总、外企主管，有的人还当上了政府处长、局长，而有的人不幸被下岗分流，或给私企小老板打工，有的人甚至因某些原因负债累累。

10年时间，各人的境遇会有如此大的差别，那些境遇不佳的同学自然心里不平衡，不服气："10年前，大家还在同一个课堂里听讲，毕业时，大家的学问、本事都差不多。可是，10年后，有的同学命好、机遇好，青云直上；有的人背运，命不好，成了社会下层老百姓。"

于是，有几位同学便请教了当年与学生们关系非常好的哲学教授郑老师。郑老师笑了笑，然后向他们问了一个题外的问题："你们打过保龄球吗？还有，你们知道10减9等于多少？"

几位同学都挺纳闷儿："我们都打过保龄球，10减9不是等于1吗？"当然，他们心里都知道郑老师提出这两个问题，一定是有寓意的。

郑老师说："保龄球的规则是：每一局10个球，每一个球的得分是从0到10分。这里的10分和9分的差别并不仅仅是1分，因为打满分的要加下一个球的得分，如果下一个球也是10分，那么加起来就是20分了。大家看看，20分与9分的差距是多少？若每一个球都打满分，一局就是300分。当然，要每局都打300分是很难的，一般情况下，能经常打出270、280分就已经是一流好手了。但如果你每一个球都差一点，都是拿到9分，那一局最多才是90分。很明显，一局拿到90分与一局拿下270、280分的差距是很大的。造成这个差距的原因，只不过是每一个球是拿到了10分还是拿到了9分，每一个球相差1分，最后的总分差距就不是我们想象的那么小了。"

看到大家听得如此认真，郑老师便把话题转到了同学们关心的问题上："若把非正常因素排除开了，你们同班同学在毕业时的差距也就是10分与9分，相差应该在1分之内。但是毕业之后，有的人继续着10分的努力，毫

当你成功，你才知道什么是奋斗

不松懈地奋斗，于是10年下来他的总分就很高了。而那些还是9分8分地干着，甚至是4分5分地混着的，10年下来，你想想会拉到多大的差距吧，很自然就是一个天上一个地下了！"

陷入沉思中的同学们这时才恍然大悟。

——摘自《人生没有如果，只有结果和后果》

在这个世界上，成与败之间的距离也就是从那么一点点的差别开始的。不要忽视那些微小的细节，因为细节是构成金字塔的一块块方石，是铺就铁路时自甘居下的一条条枕木。我们只有关注细节，把握细节，演绎细节，才能让自己变得越来越优秀，才能把握自己的人生和命运。